コンクリート
診断学入門

建造物の劣化対策

魚本健人
著

朝倉書店

はじめに

　21世紀を迎えたわが国では，悪戦苦闘しながらも徐々に不況から立ち直っていると報道されるようになってきた．しかし，公共投資の削減，「脱ダム宣言」，環境重視など建設の分野においてはいまだに今後の進むべき道が見えてきていない．マスコミなどの報道でも建設分野の活動を褒めるような論調は見られず，手抜き工事，欠陥問題，施工ミスなどの記事の方が注目されやすい．このような状況下において，わが国のGDPの約1割の生産をあげ，全就業者の約1割を占める建設系分野の人間が今後どのようなことを実施していくべきかは，わが国にとって重要な問題である．

　従来，あまり注目されなかった建設分野としては「新幹線」「高速道路」「空港および港湾」「建物」「地下街およびトンネル」「ダム」などの多くの既設構造物の維持管理がある．しかし，この分野についてはある程度の技術開発や仕事は行ってきているものの，1件当たりの仕事量が少なく，金額的にも大手建設業者が参入しにくい状況にあるため，技術的に大幅な進展が行われにくい．少子高齢化を迎えるわが国のインフラを将来にわたってきちんと維持管理することは，わが国のほとんどの人々にとっても，また他の産業にとっても重要な問題となることから，これからの技術的・経済的な大きな分野の一つが「メンテナンス」であるといえよう．

　「メンテナンス」の分野は，あらゆる機器・製品，あらゆるサービスにつきものであるが，新製品，新規構造物などと比較して一般的には注目されにくい．しかし，技術的には新製品，新構造物をつくる以上の高いレベルが求められる．最近でこそ遺伝子の組換えなど植物・生物の分野で行われているが，人間を相手にしている「医師」はそのほとんどを人間のメンテナンスに力を注いでいることからも，いかにメンテナンスが大切であるかを理解できよう．特にコンクリート構造物の場合には，50年，100年，200年と非常に長い間利用することが望まれているため，高度な技術で適切な維持管理を実施することが非常に重要である．大学においても従来は維持管理に関する授業は大学院生以上に対してのみ行ってきたが，3年前からは学部の3年生に対しても実施するように変えてきたのが現状である．

　以上のことを考慮して，筆者の専門である土木分野の「コンクリート構造物の劣化と診断」を取り巻くさまざまな側面について，専門家以外の方々に少しでも理解を得たいと考え本書を執筆した．このため，技術的な部分についてはより単純化した記述になっている点をご容赦願いたい．コンクリート構造物の

診断を行っている技術者などの方々には不満が残るかもしれないが，本書は一つの読み物と考えていただければ幸いである．また，経済，政策など自分の専門以外のことについても筆者がどのように考えているかを記述したが，見聞きした情報をもとにしているため必ずしも「まと」を射ていない可能性がある．ぜひ，読者からもご意見をいただければ幸いである．

　最後になるが，本書の内容を終始チェックしていただいた東京大学生産技術研究所の加藤佳孝講師に深謝する．

　2004年8月

魚 本 健 人

目　　　次

I．序　　論 ———————————————————————— 2
1. 構造物の材料の過去と現在　*2*
2. トンネル剥落事故とその原因　*4*
3. コンクリート劣化と時代の変遷　*6*

II．わが国の現状と今後 ———————————————————— 8
1. わが国の経済発展と建設投資　*8*
2. わが国の建設業の特徴　*10*
3. これからのわが国の建設業　*14*

III．材料の変遷と問題 ————————————————————— 18
1. コンクリート材料と地域性　*18*
2. セメントの種類と品質の変化　*20*
3. コンクリート用骨材と地域性　*24*

IV．建設施工の変遷と問題点 ——————————————————— 28
1. コンクリート配合の変化　*28*
2. コンクリート製造技術の変化　*32*
3. コンクリート構造物の施工の変化　*36*

V．コンクリート構造物の維持管理の現状と問題 ————————————— 42
1. 現在の維持管理方法　*42*
2. これからの維持管理対象構造物　*44*
3. 目視検査と非破壊検査　*48*
4. 非破壊検査　*52*
5. 補修方法　*56*

VI．各種示方書・仕様書の変遷 —————————————————— 58
1. コンクリート標準示方書の変遷　*58*
2. JISおよび道路橋標準示方書の変遷　*62*
3. 示方書等の規準類の問題点　*66*

VII. コンクリート構造物の劣化と原因 —————————————————————— 70
1. 凍結融解作用によるコンクリートの劣化　*70*
2. コンクリート中の鋼材腐食　*72*
3. アルカリ骨材反応　*74*
4. 硫酸等による劣化　*78*

VIII. コンクリート構造物の診断 ———————————————————————— 82
1. コンクリート構造物の劣化予測　*82*
2. コンクリート構造物の劣化診断　*88*

IX. コンクリート構造物の補修と補強 ———————————————————— 92
1. 劣化診断後の措置　*92*
2. 補修工法の選定と問題点　*94*
3. 補強工法の選定と問題点　*98*

X. これからのコンクリート構造物の維持管理 ————————————————— 102
1. 維持管理技術者の育成　*102*
2. これからの構造物と維持管理　*106*

付　録：コンクリート劣化診断ソフト

I. 劣化診断ソフトの概要 —————————————————————————— 110
1. 目視による劣化診断ソフトの位置づけ　*110*
2. プログラムの流れと概要　*111*

II. 劣化診断ソフトの事例紹介 ———————————————————————— 127
1. 塩害により劣化した橋梁の診断例　*127*
2. アルカリ骨材反応により劣化した橋梁の診断例　*134*

コンクリート診断学入門
　　―建造物の劣化対策

I 序　　論

1．構造物の材料の過去と現在

　現在，鋼材とコンクリートはなくてはならない建設材料である．なかでもコンクリートは所定の強度ならびに耐久性を有する材料であり，マッシブな構造物を建設する上で欠かすことのできない材料として位置づけられている．

　セメントコンクリートがわが国に導入されるようになってまだ100年足らずであるが，江戸時代の土質材料と木材の時代から，明治時代以降，欧米諸国の構造物を参考にしたレンガや鉄筋コンクリートなどが使用される時代へと変化した．しかし，関東大震災を契機として可燃性の木材の問題点や地震に弱いレンガ造の問題が明らかとなり，それ以降の大型構造物は鋼材またはコンクリート主体へと変わってきたということができよう．わが国では，石材やレンガの割合が少なく木材の割合が多いが，世界的に見ると建設材料の歴史は図I.1に示すような概念で表すことができよう．

　このような建設材料の変化が生じるのは，いかに容易に入手でき，安価で自由に加工できる材料であるかが重要なポイントである．しかし，近年のような大型の構造物になればなるほど，地震などの自然外力に対しても十分な靱性を確保することや，長期間の耐久性を確保することなどが要求され，安価で加工しやすければ良いということにはならない．

　鉄筋コンクリート構造物は，鋼材とコンクリートとを組み合わせた複合材料であり，安価であるばかりでなく，大型構造物であっても加工が容易で，強度および靱性が高いばかりでなく耐久性もあるすばらしい建設材料であると評価されてきた．しかしながら1980年代以降，高度成長期に建設されたコンクリート構造物の塩害や，アルカリ骨材反応などによるコンクリートの早期劣化に関する問題がマスコミで報道され，コンクリートの耐久性に社会の関心が集まった（図I.2）．さらに，1999年には新幹線の福岡トンネルでライニングコンクリートの剥落事故が発生し，「コンクリートが危ない」（小林一輔著，岩波新書）とまでいわれるようになってきた．

　コンクリート構造物は本来高い耐久性を有するもので，鉄筋およびコンクリートの取扱いを誤らなければすばらしい特性を有しているが，設計，材料，配合，施工等で，何らかの誤りを犯すとその特性を十分発揮することができない．そこで，本書ではコンクリート構造物が抱えている各種問題とその解決方法について説明するとともに，これからの既存コンクリート構造物の診断，維持管理方法のあるべき姿について説明する．

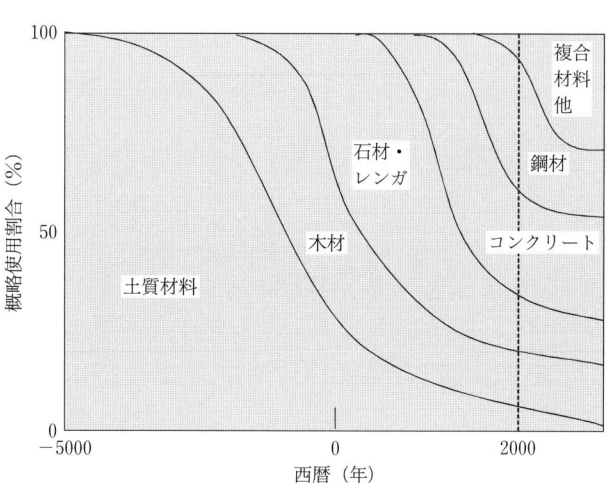

図 I.1　建設材料の変遷

図 I.2　コンクリート劣化に関するマスコミ報道

I　序　論

2．トンネル剥落事故とその原因

　1999年6月に山陽新幹線の福岡トンネルでライニングコンクリートの剥落事故が発生し，マスコミに大々的に報道されたが，続いて山陽新幹線の北九州トンネル（1999年10月）および室蘭本線の礼文浜トンネル（1999年11月）でも同様な事故が報道された．一方で，新幹線の高架橋からのコンクリート塊剥落や道路橋でのコンクリート剥落などがマスコミで報道され，にわかに多くの人々の関心を引いた．その結果，学会，協会，官庁など多くの機関で種々の委員会が設置され，事故の原因や今後の対策について検討された．

　マスコミ等で報じられた3トンネルのコンクリート剥落はいずれも無筋コンクリート・ライニングであり，1975年頃に建設されている．その原因については「トンネル安全問題検討会　報告書」に詳細に記述されているが，一例として福岡トンネルでのコンクリート剥落の原因を説明する（図I.3）．

　①トンネルライニング用コンクリート打設中に，コンクリート材料の供給に中断が生じ，アーチ下部にコールドジョイントが形成された．

　②コンクリート打設時の支保工の振動，あるいは型枠清掃や剥離剤の不足による型枠脱型時の影響等により，コールドジョイント下側の内部に広範囲にひび割れが形成された．

　③長期間にわたる漏水，温度変化等の影響に，空気圧変動，列車振動の繰返しの影響も加わり，残っていた接合面にも徐々にひび割れが進展した．

　④最終的に，空気圧変動，列車振動等により落下した．

　これら3トンネルのライニングコンクリート剥落事故はいずれも建設時または打設完了後ごく初期の段階で発生したひび割れが，徐々に進展して剥落したもので，図I.4に示したように，主たる原因は施工等に起因する事故であったということができよう．また，当時はライニングコンクリートの打設時にコールドジョイントに関して十分な配慮がなされていなかったきらいがあるが，土木学会では2000年に「コールドジョイントに関する調査研究報告書」，および「トンネル用コンクリートの施工指針（案）」を発表した．また，剥落事故前に目視検査等が行われていたが，いずれも事故以前では特に問題であるとはされていなかったことから，検査手法にも問題があることが明らかになった．この件に関しては，構造物が完成した時点および定期検査において，目視検査ばかりでなく打音検査等による詳細検査をすることが「トンネル安全問題検討会」で提案され了承された．

　新幹線の高架橋からのコンクリート塊の剥落事故は，コンクリート中の鉄筋が腐食し，その膨張圧によってかぶりコンクリートが剥落したものである．事実，これらの構造物を調査した結果，多量の塩化物イオンが検出され，鋼材の腐食も確認された．海岸からも十分離れた高架橋であるにもかかわらず，このようにコンクリート中に多量の塩分が存在した原因としては，建設当時，洗浄が不十分な海産骨材が使用されたためであると考えられる．すなわち図I.5に示すように，この時代に建設された構造物によっては使用材料にも問題が存在している可能性があることが明らかにされた．

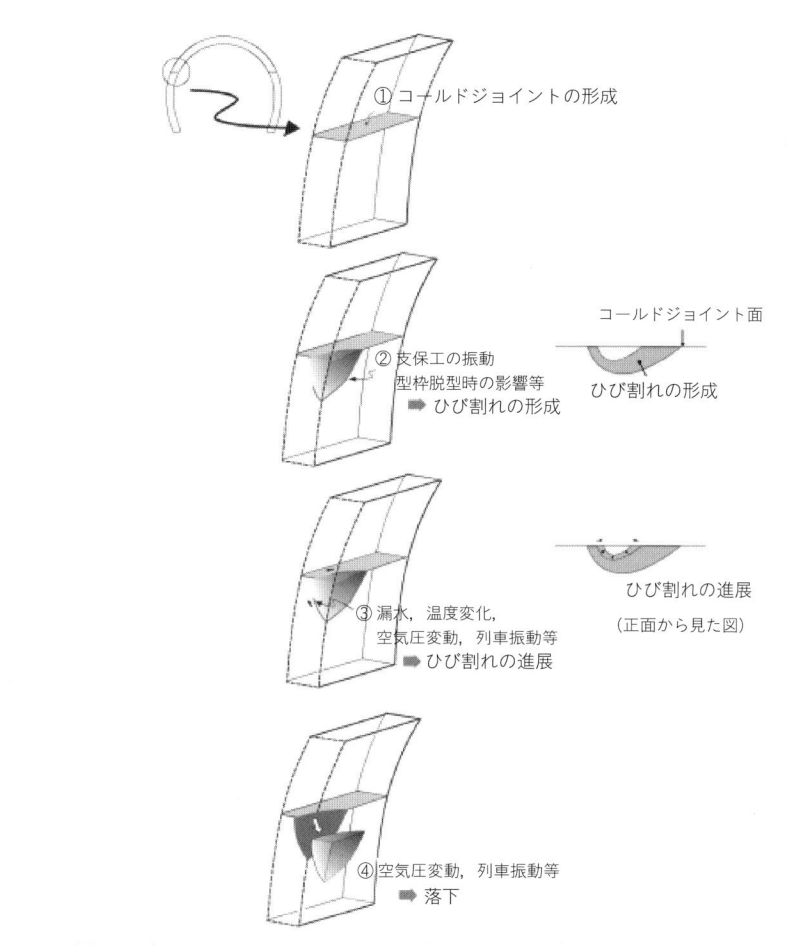

図 I.3　福岡トンネルの二次ライニングコンクリート剥落の原因説明図
（トンネル安全問題検討会・運輸省（2000）：トンネル安全問題検討会報告書
―事故の原因推定と今後の保守管理のあり方―，p.13 を一部改変）

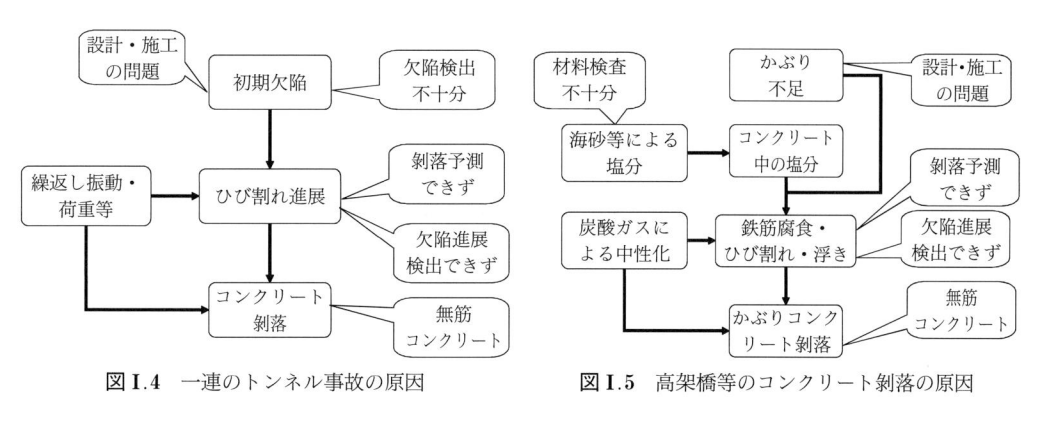

図 I.4　一連のトンネル事故の原因　　図 I.5　高架橋等のコンクリート剥落の原因

I．序　論 — 5

I 序　　　論

3．コンクリート劣化と時代の変遷

　コンクリート構造物の劣化は種々あるが，主なものを表 I.1 に示す．この表には，本来は直接の劣化原因ではないが，あえて「施工不良」を劣化の一つに掲げた．それは，鉄筋のかぶり不足や初期欠陥に代表されるように，施工不良は「早期劣化」した多くの構造物の重要な原因の一つであるからである．コンクリート構造物の設計，製造から養生にいたるまで，管理・検査を現場等できちんと行うことができれば，環境等に起因する「早期劣化」を防止することができるが，時間，費用，技術者の不足等のため，それが行えない場合には環境等による「早期劣化」に結びつきやすい．山陽新幹線の福岡トンネル覆工の剝落事故も，建設当初の初期欠陥・ひび割れが原因の一つになっている．

　では，施工不良がなければ劣化しないのか？　そうではない．この表 I.1 からもわかるように，施工不良がない場合でもコンクリート構造物は，使用する「材料」および構造物の設置された「環境」によって劣化する．実際に劣化した構造物を調査すると，「材料」に起因する劣化よりも構造物の設置された「環境」に起因するものが多い．その多くはコンクリート構造物にとって有害な塩化物イオン（図 I.6），酸，炭酸ガスなどの各種要因が外部環境（海水，融氷剤，下水，温泉水，大気など）から供給され，徐々にコンクリート構造物が劣化するのである．しかし，図 I.7 に示すように1970年代から1980年代にかけて問題となった「海砂」や「アルカリ骨材反応」に代表されるように，材料に起因する劣化も存在する．

　1980年以前は，材料に起因するこれらの劣化原因および対策が十分に明らかにされておらず，多くの研究機関等で検討された結果を踏まえ，現実的な対策が考えられた．その結果，1985年以降，劣化原因となる材料（反応性骨材，海産骨材，高アルカリセメント，セメント硬化促進性混和剤等）の使用が制限され，その後に建設された構造物に対してはある程度対処できていると考えられるが，有効な対策を講じる前に建設された構造物は劣化が顕在化している場合も存在する．上記の海砂および反応性骨材に起因する劣化は，時代とともに変化した使用骨材の種類の違い（河川骨材，砕砂・砕石，海産骨材など）や地域による違いによってもかなり異なったものになっている．

　山陽新幹線の場合には，構造物の建設時期が各種の規制開始前後にあたっていたため，除塩が十分でない海砂の使用とともに，アルカリ量の多いセメントと反応性骨材が使用されていたことが明らかになっている．このため鉄筋の腐食やコンクリートのひび割れが多数発生している構造物も認められ（図 I.8），補修を施してもさらに鉄筋の腐食が進行している構造物も認められる．これらの構造物はすでに重要な構造物として利用されているため，劣化が顕著にならぬよう，大がかりな劣化防止対策を講じるとともに効果的な補修対策等を実施していくことが急務になっている．このため，従来行われてきたコーティング工法ばかりでなく，経費のかかる電気防食の適用や塩化物イオンの電気泳動による除塩なども検討されている．

表 I.1 コンクリートの劣化と対策

劣化の種類	分類	原　因	対　策
摩耗	環境	砂等によるすり減り	骨材選定，配合選定
疲労	外力	反復荷重の作用	疲労限界以下の応力内
凍結融解	環境	内部水の凍結融解繰返し	AE剤による空気泡の連行
アルカリ骨材反応	材料	骨材とアルカリの化学反応	反応性骨材の排除，アルカリ量の制限
鋼材腐食（中性化）	環境	炭酸ガスによるコンクリートのアルカリ性の喪失	かぶりの増大，表面コーティング等
鋼材腐食（塩分）	材料	コンクリート含有塩化物による腐食	海砂の除塩，材料中の塩分規制
	環境		かぶりの増大，低W/C，コーティング，塗装鉄筋の使用，電気防食
微生物，酸等	環境	水和物と酸等の化学反応	かぶりの増大，低W/C，コーティング等
硫酸塩	環境	海水等からの塩による膨張等	耐硫酸セメントの使用
高温・火災	環境		表層コンクリートの防護等
ひび割れ（外力等）	外力	荷重等による応力	配筋，安全係数，配合
ひび割れ（温度等）	環境	変形の拘束	
その他 （施工不良）	材料	コンクリート材料および配合不備	コンクリート製造時管理，運搬管理
		かぶり不足，グラウト充填不足等	配筋管理，グラウト管理
	施工	充填不良（ジャンカ），打継ぎ不良（コールドジョイント），材料分離，養生不足等	施工時の打設，養生管理

注） ひび割れそのものは劣化に起因するとは限らない．また，施工不良も劣化ではない．

図 I.6　海からの海水飛沫による塩分腐食を生じた鉄筋コンクリート橋梁

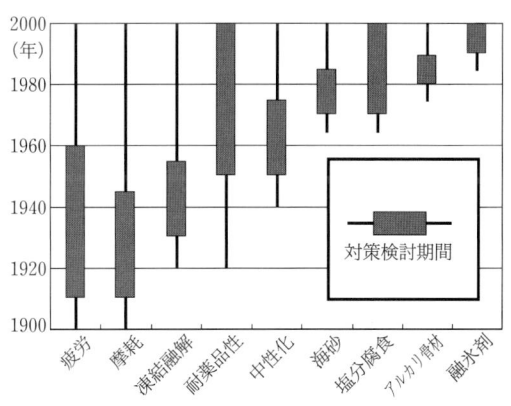

図 I.7　劣化原因別問題発生から対策完備まで

図 I.8　鉄筋腐食によるかぶりコンクリートが剝落した鉄筋コンクリート橋脚

II　わが国の現状と今後

1.　わが国の経済発展と建設投資

　わが国は，戦後大変な勢いで経済復興を成し遂げた．第二次世界大戦後焦土と化した国土において，バラックのような建物，工場等を利用して，繊維製品，陶器，トランジスターラジオなどを皮切りに，オートバイ，家電製品，自動車，コンピューター等を時代の変化に対応して開発・生産し，これを世界市場で販売することによって経済成長を達成してきたということができよう．1970年代にオイルショックなどがあったが，今までは大きな問題もなく数々の障害を乗り越えてきた．

　このことは図II.1および図II.2を見ると良くわかる．戦後から1970年頃までは急激にGNPは増加しており，名目で15％から20％，実質で5％から15％の成長率を示し，経済成長の加速期であったことがわかる．第一次オイルショックで一時経済成長率が低下したが，その後1990年頃まではGNPの伸び率は名目で5％から10％，実質で3％から8％とほぼ一定の伸び率であることがわかる．しかし，1990年以降今日まではその成長率が0またはマイナス成長に変わっている．このためGNPも500兆円程度で頭打ちになっている．

　このような経済成長に伴い，わが国の産業はどのように変化したのであろうか．図II.3は1950年以降の産業別の就業者割合の変化を示したものである．この図から明らかなように，1950年と1990年を比較すると就業者割合は著しく変化している．全体的な傾向をまとめると①著しく減少したのは農業である．1950年に45％程度であった就業者率が1990年では6％程度となっている．②建設業は1950年に4％程度であったが，1990年ではほぼ10％へと倍増している．③経済復興の主役である製造業は，16％から24％へと約1.5倍に増大している．④この間，就業者割合が著しく増大したのはサービス業と卸小売，飲食業である．⑤全体的に就業者割合を見ると1950年は一次産業，二次産業のハード系が過半数を占めていたが，今日ではサービス業等の三次産業であるソフト系が過半数を占めるようになってきている．

　一方，建設投資額とGDPに占める割合の変化を示したものが図II.4である．年とともに建設投資額は急激に増大しており，1990年にはほぼ40兆円にも達している．建設投資のGDPに対する比も1940年頃は5％程度であったが，1990年ではほぼ10％を占めるまでになっている．すなわち，建設投資額の変化は上記の建設業就業者割合の変化とほぼ一致した傾向を示しており，1人当たりのGDP比はほぼ1.0である（製造業の場合には1.05程度である）．ある意味では，農業，林業，漁業，鉱業とは異なり，今までは建設業がわが国の平均的な経済成長の一翼を担ってきたといえる．しかし，建設投資額がこのように増大してきたのは，経済成長ばかりでなくたぶんに国や地方自治体の政策の影響も大きい．これは「建設投資」と一言でいっても，土木と建築とでは投資の中身がかなり異なり，土木は国，地方自治体の政策の影響を受け，建築は企業の経済活動の影響を受ける分野であるということができる．

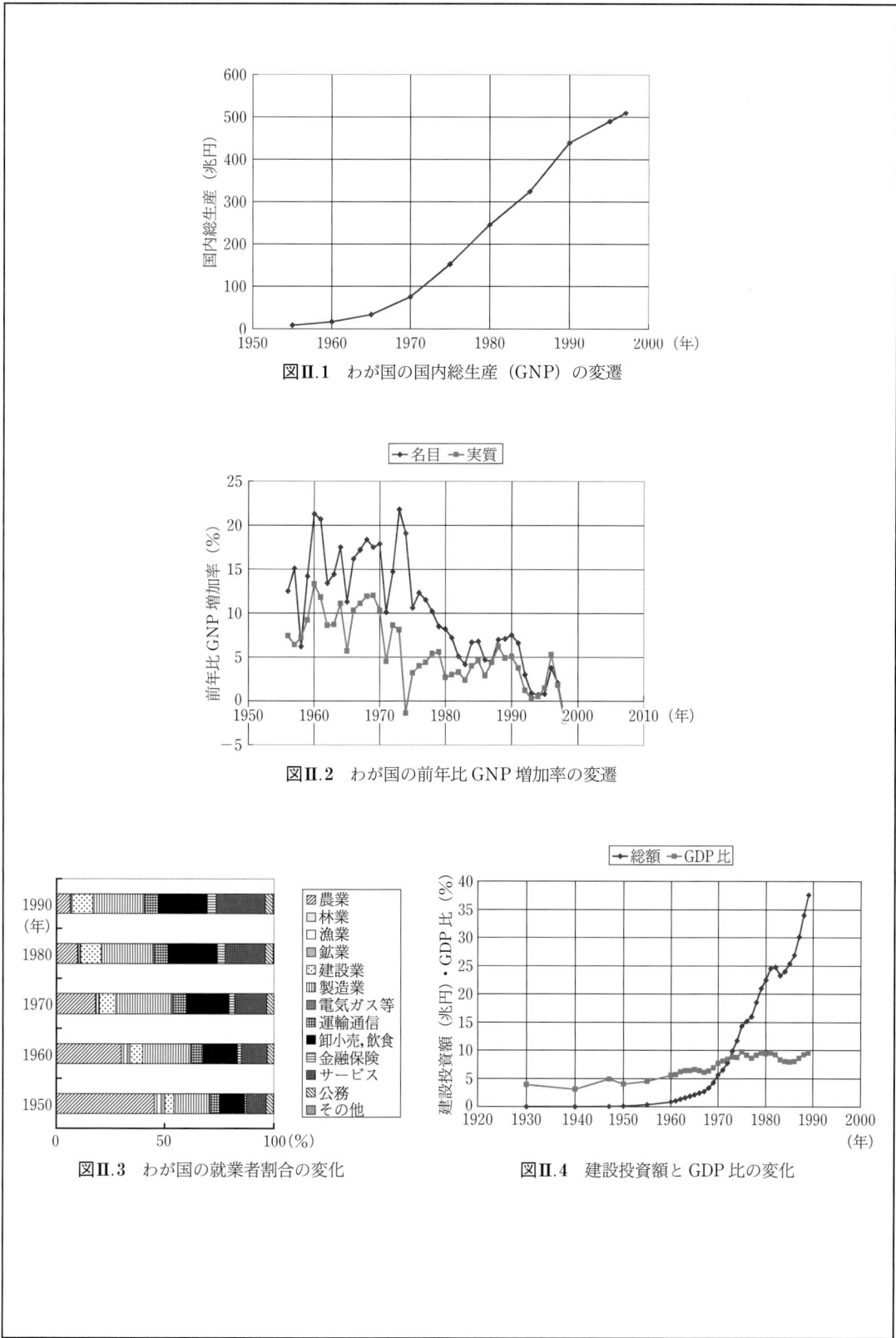

図Ⅱ.1　わが国の国内総生産（GNP）の変遷

図Ⅱ.2　わが国の前年比GNP増加率の変遷

図Ⅱ.3　わが国の就業者割合の変化

図Ⅱ.4　建設投資額とGDP比の変化

II わが国の現状と今後

2. わが国の建設業の特徴

　わが国の建設業は他の産業とはかなり異なっている．大雑把にいうと以下のとおりである．①資本金および従業員の少ない企業が多数存在している．②業界のトップ企業であってもシェアは1～2%である．③日本全国に遍りなく就業者が分布している．④使用している技術は高度なものから一般的なものまであり，多種多様である．以下にこれらのことについて説明する．

　現在，建設業として登録されている企業数は60万社以上あるが，ほとんどの企業は個人企業も含めた資本金の小さな会社である．このことは1993年からの5年間の資本金別の建設許可者数の変化を示した図II.5からも明らかである．資本金の大きな会社が増える傾向にあるとはいうものの，1億円未満の資本金の会社がほぼ99%を占めており，1億円以上の企業は1%に満たない．一方，建設業で働いている就業者数は，1995年の統計によると約660万人となっている．就業者数を企業数で除すると1企業当たり10人程度となる．資本金が1億円以上の企業では数千人以上の就業者が働いていると考えると，1人から数人しかいない企業が多数存在していることになる．

　しかし，約1万人の従業員が勤務する業界トップの建設会社5社の売上げを足し合わせても全体のシェアの10%に満たない．すなわち，最大手であっても寡占状態からはほど遠い．製造業の重要な位置を占めている自動車産業や家電産業などのトップ企業が全体の50%以上のシェアを占めていることと比較するとその違いは明らかである．このような状況になっている原因の一つは，数十%を占めている公共投資が，技量に応じた機会均等をはかる発注システムを採用しており，近年では地元企業との合弁事業（JV）が多数行われているため，遍りなく多数の企業が建設に携わっているからである．また，建設業の特徴として，元請企業の下に種々の下請けおよび孫請け企業が入って仕事を分担しているため，各地域の企業が参画できる仕組みになっていることもその原因の一つであるといえよう．

　建設業の主体は，現場での建設である．このため限定された一地域の工場で大量生産し，現場に搬入する形式を採用することは限られている．プレハブ形式の構造物の場合でも，最終的には現場での組立てが必要になり，全国どこであっても建設工事は行われることになる．このため，建設業の就業者に関してもどこかの地域だけに集中することは少ない．図II.6は，1999年の全国の都道府県別に建設業および製造業の就業者割合の分布を示したものである．この図から明らかなように，製造業の場合には地域によって数%から数十%の範囲でばらついているが，建設業の場合には日本全国ほぼ一定の10%程度の割合で，地域によるばらつきはほとんどないという特徴がある．

　以上のことから，わが国の建設業は，わが国全体の約1割の就業者が従事し，約1割の収益を上げている産業であり，全国に分布する従業員の少ない小規模企業群からなっているということができよう．このためどちらかというと高度技術を駆使する産業というより

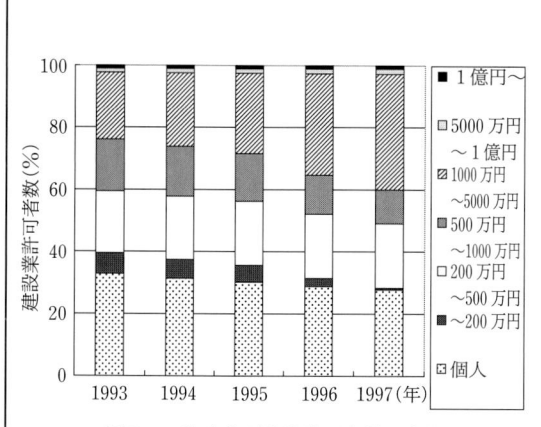
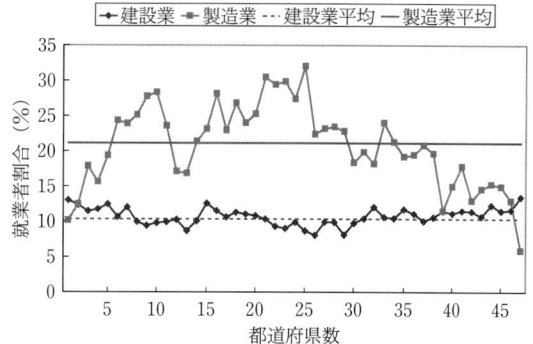

図Ⅱ.5 資本金別建設許可者数の変化　　図Ⅱ.6 都道府県別製造業と建設業の就業者割合の変化

表Ⅱ.1　現存する世界の超大橋，超大トンネル，超高層ビル一覧（①）

■吊り橋

順位	橋　名	所在地	用途	中央支間長(m)	竣工(年)
1	明石海峡大橋	日本	道路	1991	1998
2	グレートベルトイースト橋(ストーアベルトイースト橋)	デンマーク	道路	1624	1998
3	ハンバー橋	イギリス	道路	1410	1981
4	江陰長江公路大橋（江陰長江大橋）	中国	道路	1385	1999
5	ティンマ大橋（青馬大橋）	中国	併用	1377	1997
6	ベラザノナロウズ橋	アメリカ	道路	1298	1964
7	ゴールデンゲート橋	アメリカ	道路	1280	1937
8	ヘガクステン橋（ハイコースト橋）	スウェーデン	道路	1210	1997
9	マキノ橋（マキナック橋）	アメリカ	道路	1158	1957
10	南備讃瀬戸大橋	日本	併用	1100	1988

■斜張橋

順位	橋　名	所在地	用途	中央支間長(m)	竣工(年)
1	多々羅大橋	日本	道路	890	1999
2	ノルマンディー橋	フランス	道路	856	1993
3	武漢白沙洲大橋	中国		618	2000
4	青州閩江特大斜張橋(チンジョウミンジャン)	中国	道路	605	1996
5	楊浦（ヤンプー）大橋	中国	道路	602	1993
6	徐浦（スープー）大橋	中国	道路	590	2000
7	名港中央大橋	日本（愛知）	道路	590	1997
8	スカルンスンド橋(スカールンスンネット橋)	ノルウェー		530	1991
9	汕頭岩石大橋（シャントウツェーシー）	中国		518	1999
10	鶴見つばさ橋	日本（横浜）	道路	510	1994

も，既存の一般的な技術を広く利用している産業であるということができる．これはわが国の就業希望者を広く受け入れる産業として大きな役割を果たしているということができるが，前近代的な手法等で通用し，国内を中心とした海外企業との競争がほとんどない温室育ちの産業であるということもできる．とはいうものの，表II.1（①〜③）に示すように，戦後50年間で超高層ビル建設，超大橋建設，超大トンネル・海底トンネル建設，無人化施工，耐震・免震技術など世界をリードする技術開発ならびに実績を有しており，ハード技術のすばらしさに関しては世界で自負しても良いということができよう．しかし，これからはわが国の建設需要が減少し，世界の建設市場の大半は東アジア・東南アジアになるため，海外での仕事を余儀なくされることになるが，その場合にはマネジメントを含めた建設に関するソフト技術およびシステムの開発・実施が重要で，従来のわが国における建設会社のやり方では世界に通用しないことを認識しておく必要がある．

表II.1 現存する世界の超大橋，超大トンネル，超高層ビル一覧（②）

■アーチ橋

順位	橋 名	所在地	用途	中央支間長(m)	竣工(年)
1	ニューリバーゴージ橋	アメリカ	道路	518	1977
2	ベイヨン（ベイヨンヌ，キルバンクル）橋	アメリカ	道路	504	1931
3	シドニーハーバー橋	オーストラリア	併用	503	1932
4	サンマルコI橋（サンマルコ＝クルク橋）	ユーゴスラビア，クロアチア	道路	390	1979
5	フレモント橋	アメリカ	道路	383	1973
6	マン橋	カナダ	道路	366	1964
7	サッチャー橋	パナマ	道路	344	1962
8	ラビオレッテ橋	カナダ	道路	335	1967
9	マーシイ河橋	イギリス	道路	330	1961
10	ツダコフ橋	チェコスロバキア	道路	330	1967
11	バーチェナウ橋	ジンバブエ	道路	329	1935
12	グレンキャニオン橋	アメリカ	道路	313	1959
13	レウィンストンクイーンストン橋	アメリカ	道路	305	1962
14	木津川新橋	日本	道路	305	1991

■トラス橋

順位	橋 名	所在地	用途	中央支間長(m)	竣工(年)
1	ケベック	カナダ	併用	549	1917
2	ファースオブフォース（フォース橋）	イギリス	鉄道	521	1890
3	港大橋	日本（大阪）	道路	510	1974
4	コモドールジョンJ.バレイ	アメリカ	道路	501	1974
5	グレータニューオーリンズI	アメリカ	道路	482	1958
6	グレータニューオーリンズII	アメリカ	道路	482	1988
7	ハウラー	インド	併用	459	1943
8	サンフランシスコ・オークランドイーストベイ	アメリカ	道路	427	1936
9	生月大橋	日本（長崎）	道路	400	1997

表II.1 現存する世界の超大橋，超大トンネル，超高層ビル一覧 (③)

■陸上トンネル

順位	トンネル名	所在地	長さ (km)	竣工 (年)
1	岩手一戸	日本（岩手）	25.8	2002
2	大清水	日本（群馬-新潟）	22.2	1982
3	シンプロンII	スイス-イタリア	19.8	1922
4	シンプロンI	スイス-イタリア	19.8	1906
5	ベレイナ	スイス	19.1	1999
6	アペニン	イタリア	18.5	1934
7	キンリン	中国	18.5	2002
8	六甲	日本（兵庫）	16.2	1971
9	新フルカ	スイス	15.4	1982
10	榛名	日本（群馬）	15.4	1982

■超高層ビル

順位	ビル名	所在地	高さ(m)	階数	用途	竣工 (年)
1	ペトロナスタワー (twin)	マレーシア（クアラルンプール）	452	88	複合	1997
2	シアーズタワー	アメリカ（シカゴ）	442	110	事務所	1974
3	ジンマオビル	中国（上海）	421	88	複合	1998
4	Two International Finance Bui.	中国（香港）	420	88	複合	2003
5	Shun Hing Square	中国（シェンチェン）	386	81	事務所	1996
6	エンパイア・ステートビル	アメリカ（ニューヨーク）	381	102	事務所	1931
7	セントラル・プラザ	中国（香港）	374	78	事務所	1992
8	中国銀行	中国（香港）	369	70	事務所	1989
9	Emirates Towers 1	UAE（ドバイ）	355	54	事務所	1999
10	The Centre	中国（香港）	350	69	事務所	1998
11	Tuntex & Chein-Tai Tower	台湾（高雄）	348	85	複合	1998
12	Aon Center	アメリカ（シカゴ）	346	80	事務所	1973
13	ジョンハンコックセンター	アメリカ（シカゴ）	344	100	複合	1969
14	CITIC Plaza	中国（コワンチョウ）	322	80	事務所	1996
15	Chicago Beach Resort Hotel	UAE（ドバイ）	321	69	ホテル	1998
16	Baiyoke Sky Hotel	タイ（バンコク）	320	90	ホテル	1998
17	クライスラービル	アメリカ（ニューヨーク）	319	77	事務所	1930
18	NationsBank Tower	アメリカ（アトランタ）	312	55	事務所	1992
19	Library Tower	アメリカ（ロサンゼルス）	310	73	事務所	1990
19	Telekom Malaysia Headquaters	マレーシア（クアラルンプール）	310	55	事務所	1999
20	AT & T Corporate Center	アメリカ（シカゴ）	307	61	事務所	1989
21	Chase Tower	アメリカ（ヒューストン）	305	75	事務所	1982
22	Emirates Towers 2	UAE（ドバイ）	305	56	ホテル	1999
23	Two Prudential Plaza	アメリカ（シカゴ）	303	64	事務所	1990
24	Ryugyong Hotel	北朝鮮（ピョンヤン）	300	105	ホテル	1995
25	Commerzbank Tower	ドイツ（フランクフルト）	299	63	事務所	1997
26	Wells Fargo Plaza	アメリカ（ヒューストン）	296	71	事務所	1983
27	ランドマークタワー	日本（横浜）	296	70	複合	1993

注）2002年9月11日に崩壊したワールドトレードセンタービル（アメリカ）は1972年の竣工，高さ417m，階数110．

II わが国の現状と今後

3. これからのわが国の建設業

　現在，わが国の社会資本整備率は，欧米に比べやや劣るとはいうものの，戦後急速に整備されてきたということができる．図II.7 はわが国の高速道路および新幹線整備距離の変遷を，図II.8 はわが国の社会基盤設備整備率の変遷を示したものである．これらの図からも明らかなように，今日では道路および鉄道の整備については限界に近づきつつあるということができよう．また，普及率が悪いといわれた下水道なども都市部を中心に普及が急ピッチで進み，国全体としても高い普及率になっている．東京オリンピックの行われた 1964 年では，下水道は 10％に満たなかった普及率であったが，2000 年では 60％を超える普及率となっており，この 35 年間で驚異的な量の社会資本の整備が行われたことが理解できよう．

　2000 年での整備状況を示したのが表II.2 である．今日では欧米諸国と比較しても遜色のない社会資本整備が行われていることがわかる．もしまだ整備不十分なものをあげるとすれば 1 人当たりの公園面積や床面積であるが，現在ではかつての状況ほど悪くはなくなっているため，環境問題を除けばそれほど不自由していないということができよう．

　以上の説明からも明らかなように，わが国では膨大な社会資本整備が戦後 50 年間で行われたが，この整備に大きな役割を果たしたのが建設業である．今後の整備事業についてはまだ不透明であるが，表II.2 にあげられた社会資本整備を当初の計画のとおりに行ったとしても数字の上で見る限りは「急傾斜地崩壊対策整備」を除くと今までに行ってきた整備の半分以下になる．このことからも明らかなように 21 世紀の建設業は，従来型の新規建設は減少する一途で，既設構造物の維持管理に関する業務か，もし可能性があるとすれば東アジアおよび東南アジアでの建設になるだろう．

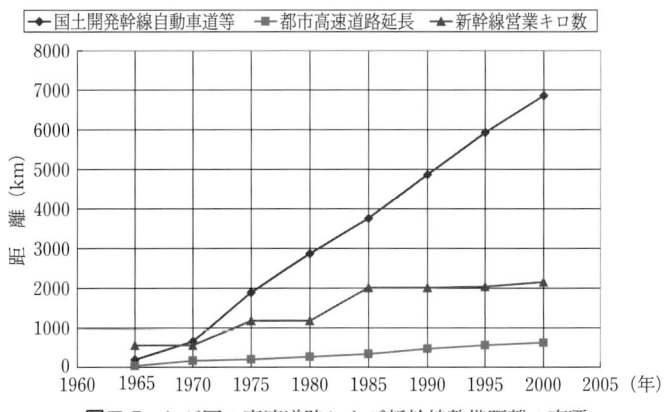

図Ⅱ.7　わが国の高速道路および新幹線整備距離の変遷

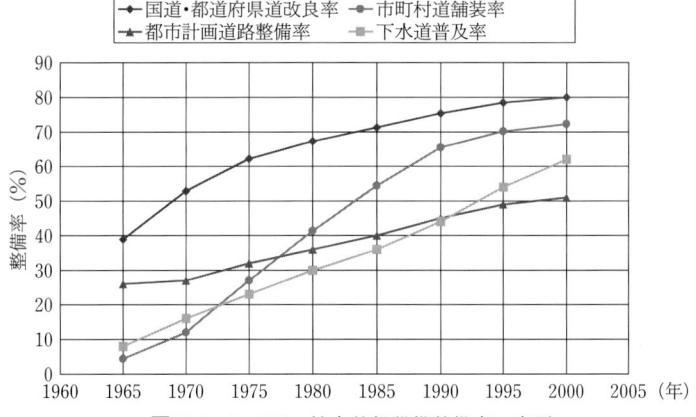

図Ⅱ.8　わが国の社会基盤設備整備率の変遷

表Ⅱ.2　2000年におけるわが国の社会資本整備（建設白書）

高規格幹線道路	(km)	7843
国土開発幹線自動車道等	(km)	6861
本州四国連絡道路	(km)	164
一般道路	(km)	341
都市高速道路延長	(km)	617
国道・都道府県道改良率	(%)	80
市町村道舗装率	(%)	72.3
都市計画道路整備率	(%)	51
下水道普及率	(%)	62
氾濫防御率	(%)	52
急傾斜地崩壊対策整備率	(%)	25
1人当たり居住室床面積	(畳)	11.24
1室当たり人員	(人)	0.59
1住宅当たり延べ床面積	(m²)	92.43
新幹線営業キロ数	(km)	2154
空港滑走路延長	(km)	198.5
港湾岸壁延長	(km)	25.2
1人当たり都市公園面積	(m²/人)	8.1

Ⅱ．わが国の現状と今後

世界の建設分野は地域的な偏りがある．このことは図II.9，II.10に示した世界における東アジア・東南アジアのセメント生産量の推移を見ても良くわかる．アジア地域の割合は1980年では約26％であったものが，1998年では54％にまで達していることが読み取れる．ここで①セメントはほとんど生産国でコンクリート用材料として消費されること，②吊り橋のような大型構造物の建設には一部鋼材が使用されるが，大半はコンクリート構造物であること，③木造構造物の場合にはコンクリートはあまり使用されないが，ほとんどの場合個人住宅に限定されていることを考慮すると，セメント生産量の多い国ほど大規模な建設が盛んに行われていると推定される．このように見るとわが国の建設は1980年頃までは世界でも有数の建設立国であったが，その後は中国をはじめとする東アジア・東南アジア諸国に抜かれたということができる．しかし，これらの国においてわが国の建設会社等が関与する場合には従来とは異なった枠組みで仕事を行う必要があり，リスクも伴う．結果的に海外の事情を熟知し，それぞれの国に見合った対応を行える企業だけが生き残るといえよう．

　一方，維持管理に関しては世界的に見ても十分な技術，システムが完備されていない．わが国の場合でも今までは経験的に少しずつ技術を積み上げてきており，これからの努力次第で大きく変化する要素を有している．例えば土木学会の「コンクリート標準示方書」でも，設計，施工に関するものは1940年代に完備され出版されたが，維持管理については2000年に出版された「維持管理編」が初めてであることからも理解できよう．このような状況下ではあるものの，維持管理は従来建設業が行ってきた技術とはかなり異なったハード技術が要求されるとともに，今までにないソフト技術の確立が必要とされる．すなわち，建設以外の物理・化学，電気・電子，情報・マネジメントなどの技術が必要となるため，従来とは異なった分野の企業の参入が可能となる．図II.11に示すように維持管理に必要とされる経費の割合はこれから上昇していくが，その市場の取合いは必ずしも建設業に有利であるとはいえず，新しい企業が台頭する可能性を秘めている．

　建設に携わる企業が今後海外での建設，維持管理業務のいずれを選択した場合でも，今までのラインとは異なった方法・システムを採用せざるをえず，大きく変貌することが要求され，技術者も従来とは異なった技術をマスターすることが必要になろう．

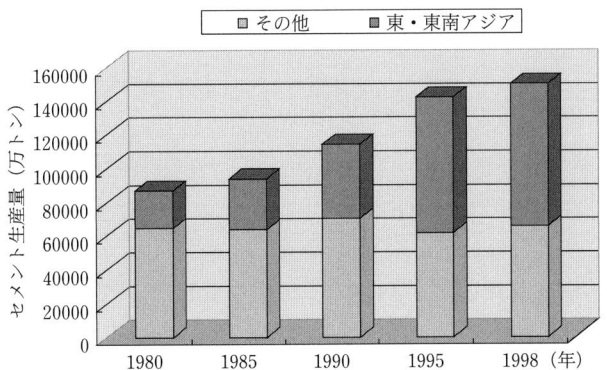

図Ⅱ.9　世界における東・東南アジアのセメント生産量の推移

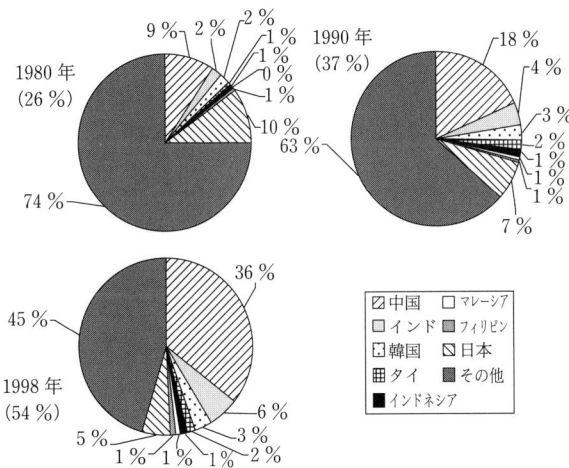

図Ⅱ.10　アジア諸国のセメント生産量の変化

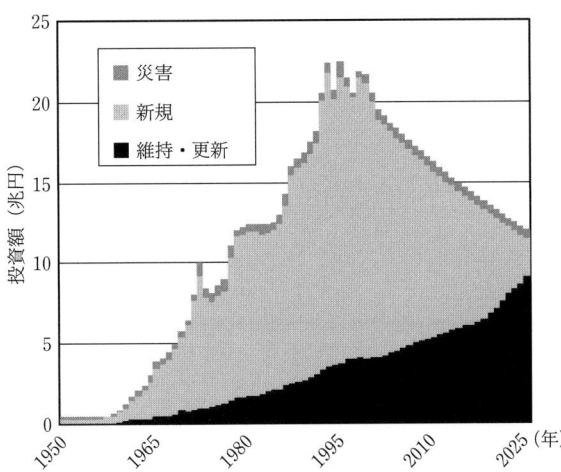

図Ⅱ.11　これからの維持費と建設費の割合推定値（国土交通白書より加藤佳孝作成）

III 材料の変遷と問題

1. コンクリート材料と地域性

　コンクリートは種々の材料で構成された複合材料である．主なコンクリート材料はセメント，水，細骨材，粗骨材であり，セメントおよび混和材料を除くとその他のものは建設現場近くで入手可能な材料が用いられている．一般的なコンクリートでは，コンクリート1 m³当たりに必要な材料は以下のようになる（図III.1参照，空気量等無視）．

　　　　　　　　　セメント：300 kg　　　0.095 m³
　　　　　　　　　水　　　：165 kg　　　0.165 m³
　　　　　　　　　細骨材　：880 kg　　　0.345 m³
　　　　　　　　　粗骨材　：1027 kg　　 0.395 m³

これからもわかるようにコンクリートの体積の約75%は骨材で，結合材であるセメントペーストは約25%である．この最も多い体積を示す「骨材」は，コンクリートの値段を低くするために，なるべく運搬等の費用がかからない近場の材料が用いられる．このため，スラグ骨材なども含めた地域ごとに特有の材料が使用されている．アルカリ骨材反応性を示す骨材も岩石，鉱物によって異なるため，地域によっては見たところ同じような砕石が使用されてもコンクリート劣化の問題にならない場合も存在する．

　一方，セメントは工場製品であり，全国に散らばっているセメント工場から出荷されているが，厳密にいえば工場ごとにセメントの品質は若干異なっている．これはそれぞれの工場で使用している主原料である石灰石や粘土は，工場近傍で産出または入手容易なものを使用していることと，工場ごとに製造方法が若干異なるからである．例えば，ポルトランドセメントの場合，5%以下であれば石灰石微粉末，スラグ等を混入しても良いことになっているが，混入材料は工場ごとにまた時代によっても変化する．セメントだけを取り上げても図III.2に示すように多種多様である．ただし，実際に使用されているセメントの80%は普通ポルトランドセメントであり，その次に多い使用量のセメントは高炉セメントである（図III.3）．

　混和材料は，セメントの代替品として利用される高炉スラグ微粉末，フライアッシュ，シリカフュームなどの混和材と，コンクリートの品質を改善する目的で使用される混和剤がある．これらはいずれも工場等で製造され，例えばフライアッシュの場合，火力発電所の副産物として発生するが，どの国の石炭を使用したかによっても品質が異なる．高炉スラグは製鉄業からの副産物であるが，鉄鉱石等に含まれる不純物の量や種類，水砕化および粉砕条件によって異なる品質となる．わが国では製造されていないシリカフュームの場合にはノルウェーやカナダから輸入されているものがほとんどであるが，製造会社ごとに，また，製造完了後の経過時間により異なる品質を有している．

　これらのことからも明らかなように，コンクリート材料は時代や地域によって大きく異なる場合があり，結果的にこれらの材料を用いたコンクリートの劣化問題を複雑化させている．

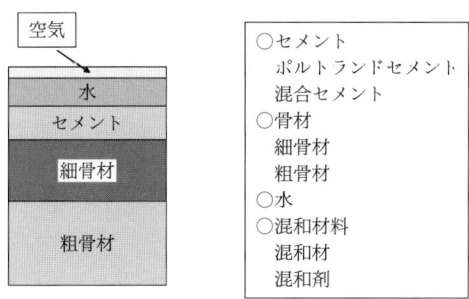

図Ⅲ.1 コンクリート材料の種類

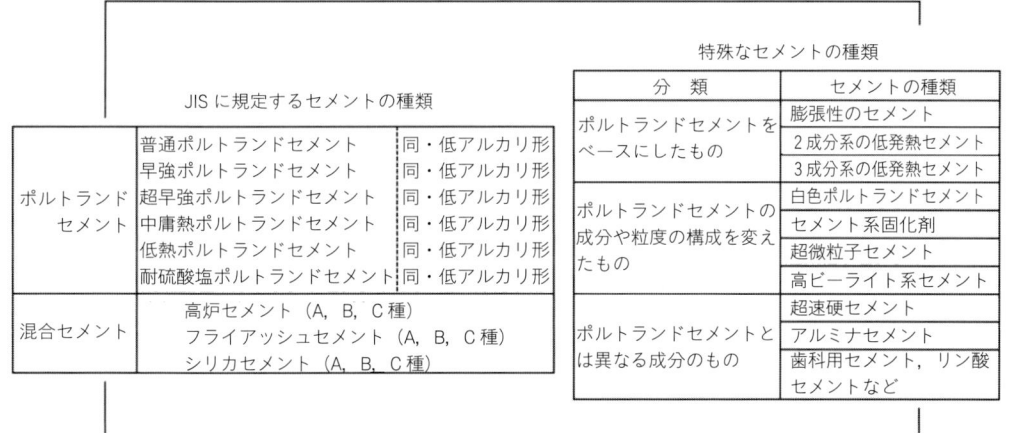

図Ⅲ.2 わが国で使用されているセメントの種類

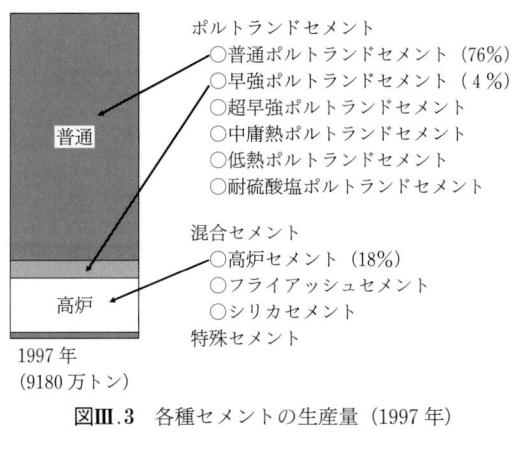

図Ⅲ.3 各種セメントの生産量（1997年）

Ⅲ．材料の変遷と問題 —— 19

III　材料の変遷と問題

2. セメントの種類と品質の変化

　コンクリート材料の中で最も重要なセメントとして，一般にはポルトランドセメントが使用されている．わが国でポルトランドセメントを製造するようになったのは1875年からである．当時は欧州から輸入した製造装置を深川の官営工場に設置し，製造した．その後，1881年には山口県の小野田市に民営のセメント工場が建設され，民間企業による製造が行われるようになった．深川の官営工場は1884年に浅野宗一郎に払い下げられ，民営セメント工場として生まれ変わった．

　わが国では1905年にポルトランドセメントの規格が制定され，その後1925年に高炉セメントの規格が制定されるまで，ほとんどのセメントはポルトランドセメントであった．セメントの生産量はその後，徐々に伸びていったが，第二次世界大戦中は燃料である石炭等が不足する事態となった．このため当時，政策的に最優先された製鉄業から排出される高炉スラグを混合した高炉セメントが大量に使用され，一時は全セメントの50％を越えるようになった．

　第二次世界大戦後の1950年にはセメントのJIS化が行われ，ポルトランドセメント，高炉セメント以外にシリカセメントが加えられた．その後，ダムなどのマスコンクリートに対処する目的で1953年に中庸熱ポルトランドセメントが加えられ，従来のポルトランドセメントは普通ポルトランドセメントと称せられるようになった．ダム用コンクリート等で使用されるようになったフライアッシュセメントは，1960年からJIS規格に取り入れられている．その後，表III.1に示すように時代のニーズに対応した種々のポルトランドセメント（早強，超早強，耐硫酸塩，低熱）が開発され規格化されているが，1985年に制定された「低アルカリ型」ポルトランドセメントは，アルカリ骨材反応による構造物の早期劣化に対処するために制定されたセメントであるといえよう．逆にいえば，1985年以前に使用されていたポルトランドセメントのアルカリ量は，多いものでは1.0％以上のものもかなりの量存在していたと思われる．

　敗戦後はあらゆる経済活動が停滞したが，景気の上昇とともに大量の建設工事が行われ，セメントの生産量も飛躍的に増大した．図III.4は，戦後のわが国におけるセメント生産量の変化を示したものである．戦後，1974年まではセメントの生産が著しい伸びを示したことが理解できよう．ここでは中東からの石油の安定的輸入と低価格が大きな役割を果たし，結果的にセメント産業のみならず電力産業においてもエネルギーとしての石油依存度は著しく高まった．しかし，1970年代の第一次・第二次オイルショックが契機となり，エネルギー多消費型産業であるセメント産業も，石油に依存していた燃料を石炭等へ転換せざるをえなくなった．また，環境問題がクローズアップされ，フライアッシュや高炉スラグも埋め立てでは処分しきれなくなり，廃棄するのではなく，より高付加価値を付与した混合セメントの材料，骨材などに積極的に利用されるようになった．

　このことは図III.5に示した混合セメントの生産量の変化を見ても理解できよう．特に，

表Ⅲ.1 わが国のセメントの規格の変遷

1905	日本ポルトランドセメント試験方法制定
1925	高炉セメント規格の制定
1927	ポルトランドセメントおよび高炉セメントの日本標準規格制定
1950	セメントのJISを制定：ポルトランドセメント（JIS R 5210），高炉セメント（JIS R 5211），シリカセメント（JIS R 5212）
1953	JIS R 5210に中庸熱ポルトランドセメントを追加
1960	フライアッシュセメントのJIS制定（JIS R 5213），混合セメントの種類をA，B，C種の3種類とする
1974	JIS R 5210に超早強ポルトランドセメントを追加
1978	JIS R 5210に耐硫酸塩ポルトランドセメントを追加
1985	JIS R 5210に低アルカリ型を追加
1997	JIS R 5210に低熱ポルトランドセメントを追加

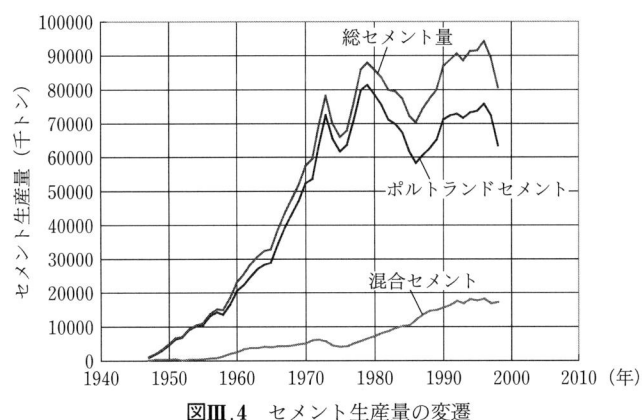

図Ⅲ.4 セメント生産量の変遷

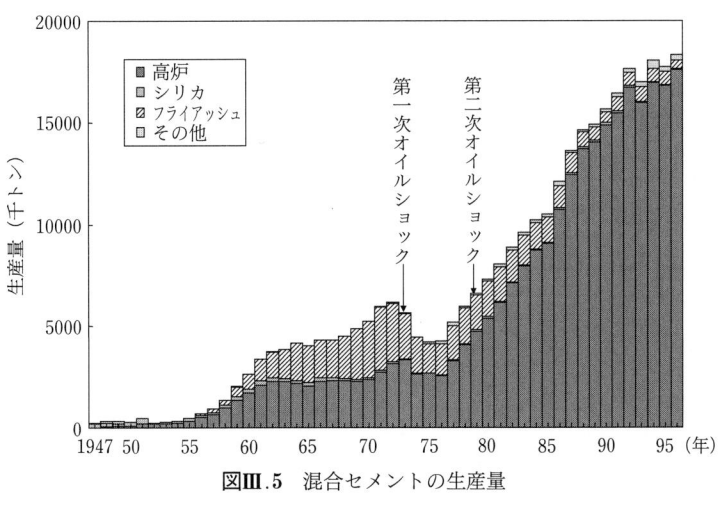

図Ⅲ.5 混合セメントの生産量

1973年頃まではフライアッシュセメントと高炉セメントの生産量はほぼ同程度であるが，その後特にアルカリ骨材問題が注目されるようになると，反応性骨材に対する対策およびエネルギー消費量の低減，環境保全，産業副産物の高度利用の観点から，アルカリ量の少ない高炉セメントの使用が増大している．現在ではセメントの25％以上が混合セメントであるが，なかでも高炉セメントの増加が著しく，この傾向はこれからさらに進行すると考えられる．

　このように供給されているセメントが異なると，従来使用してきた普通ポルトランドセメントと同じような使用方法では種々の問題点が発生する．例えば，高炉セメントの場合にはポルトランドセメントとは異なり，セメントの水和反応が遅延する傾向にあり，初期の湿潤養生が欠かせない．当然，初期養生期間も長く取ることが必要となり，脱型時期も遅くせざるをえない．これを普通ポルトランドセメントと同じようにしてしまうと，硬化不十分のまま脱型することになり，強度や耐久性に悪影響を及ぼす．

　ポルトランドセメントの品質は時代とともに変化している．図III.6および図III.7はセメント協会で実施している共通試験結果をもとに普通ポルトランドセメントのブレーン値（比表面積 cm^2/g）およびセメントの始発・終結時間の変化を示したものである．これらの図から明らかなように，1970年以降の20年で比表面積は120 cm^2/g（増加率は4％程度）以上増大し，始発・終結時間は1985年以降，30分短縮している．これはセメントの水和反応性が高くなっていることを示しており，最近のセメントは早期強度が出やすく，長期強度は出にくいものになっていることを示している．このような変化は①材料の変化や②使用者の要望に対処するために生じたものであると考えることができる．すなわち，①前者であれば，従来より強度の出にくい材料またはその配合比で製造されている可能性があることを示しており，混和材料などとの組合せも原因の一つであると考えることができる．②後者であれば，施工を行う建設会社が少しでも早く硬化するセメントを要求しており，早期脱型等を行うことで施工時間の短縮を期待することなどが原因であるということができよう．しかし，その場合には従来以上にセメントの水和発熱が大きくなり，マスコンクリートの場合には温度ひび割れが発生しやすいことに注意が必要である．

　以上述べたように，セメントだけをとってもその種類や品質は時代によってかなり変化しうるものであることが理解できよう．

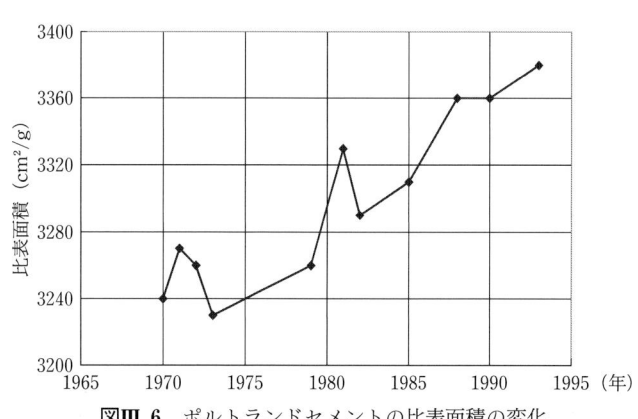

図Ⅲ.6 ポルトランドセメントの比表面積の変化

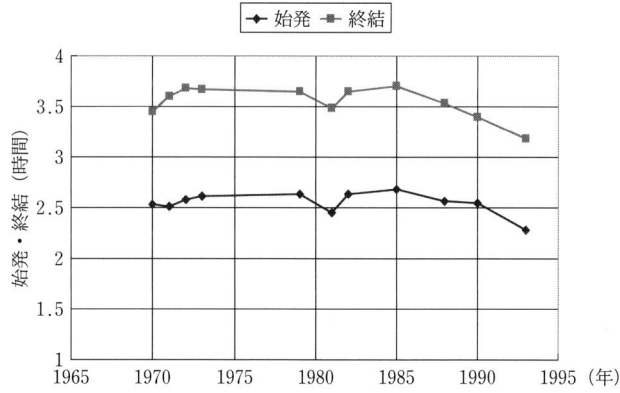

図Ⅲ.7 ポルトランドセメントの始発・終結時間の変化

III 材料の変遷と問題

3. コンクリート用骨材と地域性

　コンクリート用骨材としては多くのものが使用されてきた．1960年頃まではコンクリート用骨材として使用されていたのはほとんどが良質の川砂と川砂利であった．このため，その頃に建設された構造物は2000年以降でも健全で，特殊な構造物を除けば特別な維持管理を行わずとも使用されている．ある意味でこれらのコンクリート構造物はメンテナンス・フリーであったということができよう．しかし，その後骨材事情が悪くなり，海産骨材や砕石が大量に使用されるようになると種々の問題が発生した．

　コンクリート用骨材に関するJIS規格がどのように制定，改定されたかを表III.2に示す．この表から明らかなように，1961年および1976年に砕石および砕砂の規格が制定されている．砕石についてはかなり早くから規格化されたが，砕砂については河川砂，山砂，海砂など天然砂に比べ形状等が悪いことと経費がかかることから，規格化されるのが遅かったということができる．しかし，河川骨材が減少し，治水・環境の問題から河川骨材の使用が制限されるようになると，海砂などが多く使用されるようになった．特に関西以西では海砂が多く使用されたが，海砂はコンクリート用骨材として使用するには細かすぎるため粗めの砂が必要となり，1980年以降は高炉スラグ細骨材などとの組合せで使用されるようになった．この時期に海砂による塩分の問題や，反応性骨材の問題が注目されるようになり，ようやく1986年にコンクリート中のアルカリ量の規制や反応性骨材の使用制限が行われるようになった．その後，JIS規格には，産業副産物であるフェロニッケルスラグ細骨材や銅スラグ細骨材の有効利用を目的とした改正が行われた．

　これらのことからもわかるように，時代とともにコンクリート用骨材の種類も品質も変化している．このことは全国で使用されたコンクリート用骨材の割合の変化を示した図III.8を見ると良くわかる．ちょうど東京オリンピックが開催された1964年前後で急激に河川骨材の使用が減少し，砕石，山砂，海砂，陸砂などが増えていることが理解できよう．これはその後のわが国の経済成長に伴い，大量のコンクリート構造物を建設する必要性に対応した措置であるということができる．逆にいえば，わが国の経済発展の速度がはるかに遅ければこのような急激な変化は生じなかったということもできよう．

表III.2 コンクリート用骨材のJIS規格

年	骨材規定	JIS番号
1950'		
1953	生コンクリート	JIS A 5308
1959	軽量コンクリート骨材	JIS A 5002
1960'		
1961	コンクリート用砕石	JIS A 5005
1970'		
1976	コンクリート用砕砂	JIS A 5004
1977	高炉スラグ粗骨材	JIS A 5011
1978	生コンクリートの改正	JIS A 5308
1980'		
1981	高炉スラグ細骨材	JIS A 5012
1986	全アルカリ，塩化物イオン量	JIS A 5308
1987	コンクリート用砕石，砕砂改正	JIS A 5004, 5005
1990'		
1992	スラグ骨材（フェロニッケルスラグ細骨材）	JIS A 5011
1993	コンクリート用砕石・砕砂改正	JIS A 5005
1994	軽量コンクリート骨材改正	JIS A 5002
1997	スラグ骨材（銅スラグ追加）	JIS A 5011

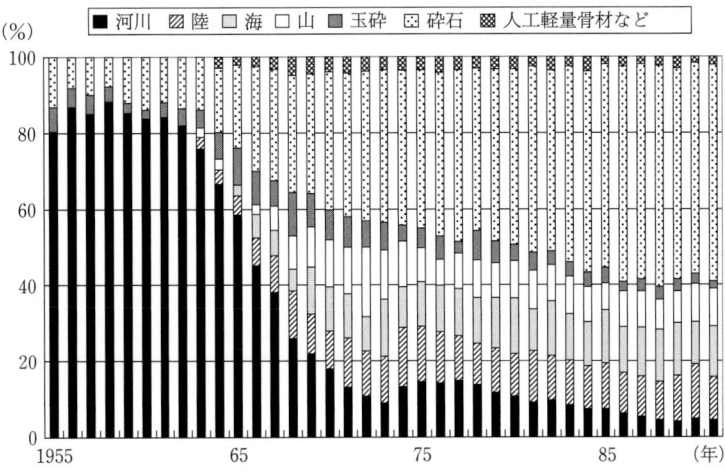

図III.8 コンクリート用骨材の変化

今日では河川骨材はほとんど使用されておらず，大半は砕石，山砂，海砂，陸砂であるが，地域による違いはどのようになっているだろうか．図III.9および図III.10は1986年における地域によるコンクリート用細骨材と粗骨材の割合を示したものである．今日では地域による違いはもっと少ないが，この当時は地域による著しい違いが生じていた．大まかにいえば，東海地域から東（北）では細骨材も粗骨材もまだ河川骨材が主体であったが，関西から西（南）では，細骨材は海砂で粗骨材は砕石が主体である．このため，実際の建設現場では除塩が十分でない海砂や，反応性を十分確かめなかった砕石を使用した確率も高く，その後のコンクリート構造物の耐久性に大きな影響を与える可能性が高かったということができよう．事実，西日本旅客鉄道での調査結果では（図III.11），1990年以前に建設されたコンクリート構造物には今日では許されない $0.3\,\mathrm{kg/m^3}$ から $0.6\,\mathrm{kg/m^3}$ をはるかに超えた塩化物イオン量を含む構造物が多数見つかっている．このため，関西以西で1970年代および1980年代に建設された構造物の中には著しい劣化が生じているものも認められる．

　以上からも明らかなように，コンクリート用骨材の種類と品質は社会の要求や年代，地域によって大きく変化し，かつてのような河川産骨材さえ使用すればよいという時代は終了している．これからは，さらに各種のリサイクル骨材の使用が重要になってくることは明らかであり，今までとは異なった問題が生じる可能性がある．

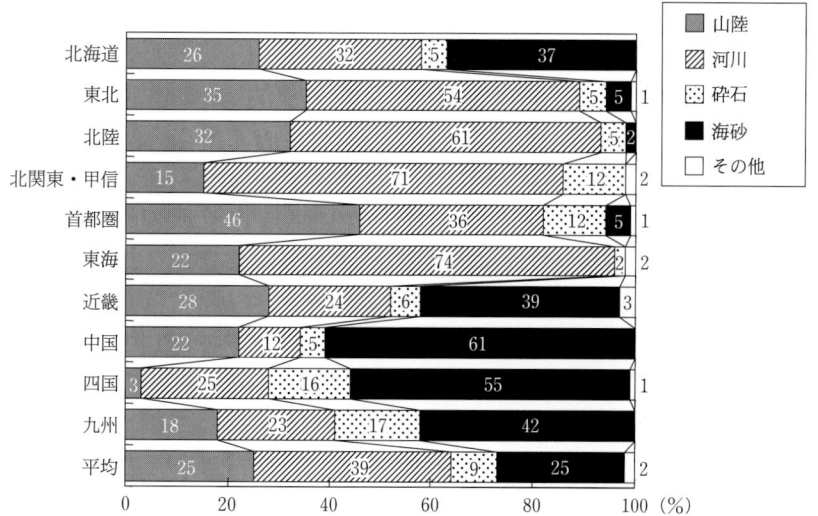

図Ⅲ.9　地域別使用細骨材の割合（土木学会コンクリート委員会資料，1986）

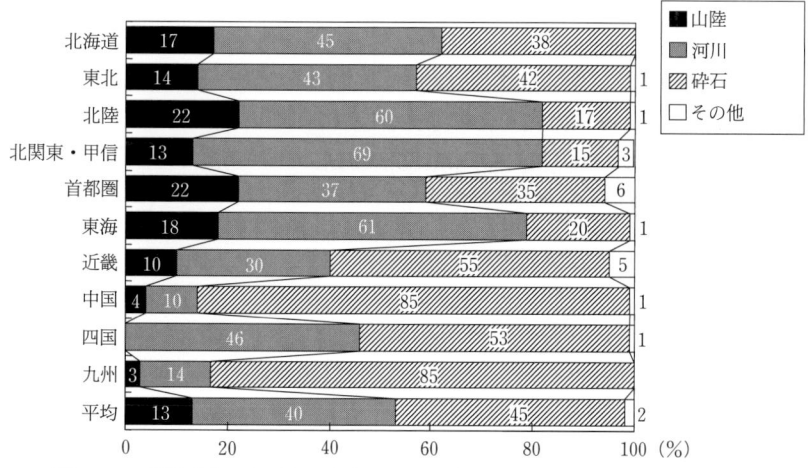

図Ⅲ.10　地域別使用粗骨材の割合（土木学会コンクリート委員会資料，1986）

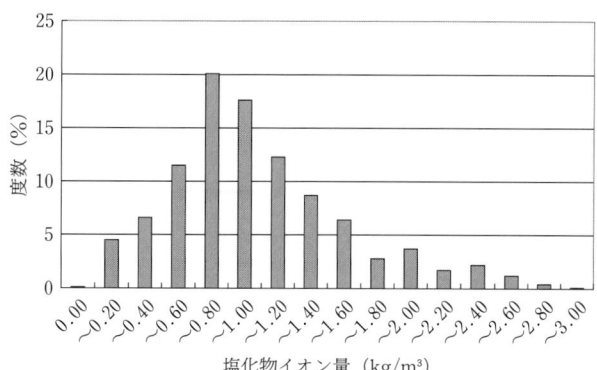

図Ⅲ.11　既存コンクリート構造物の塩化物イオン量の分布例（西日本旅客鉄道）

Ⅲ．材料の変遷と問題 —— 27

IV 建設施工の変遷と問題点

1. コンクリート配合の変化

　構造物に使用されているコンクリートの品質は，材料はもちろんのこと，配合や製造技術によっても大きく変化する．このため，構造物の劣化問題を考える場合には各時代でどのような配合が使用され，どのような方法で製造されていたかを知っておくことは重要である．

　1900年以前に使用されたコンクリートはその多くが無筋コンクリートであったため，超硬練りコンクリートが使用された．当時のコンクリートの配合設計方法は容積比が基準であり，セメント：砂：砂利が1：2：5程度で単位水量は極力少なくし，コンクリート表面に若干滲み出る程度とされていた．

　一方，1910年から1930年頃にかけて，相ついで水セメント比説（Abrams），セメント水比説（Lyse），セメント空隙比説（Talbot）などのコンクリートの強度理論が提唱されるようになると，それまでの容積比ではなく質量比で配合設計を行うように変化した．また，1900年頃に欧州で鉄筋コンクリートに関する理論が種々発表され，わが国においてもただちに鉄筋コンクリート構造が利用されるようになってきた．しかし，鉄筋コンクリートの場合，内部に鉄筋があると，従来の超硬練りコンクリートだけでは充填が十分行えないことから，軟練りコンクリートも使用することでこの問題に対処するようになった．ただし，いずれの場合においても基本的にはコンクリートを充填できる範囲で単位水量は極力小さくすることが前提とされていた．

　コンクリートの配合，特に水セメント比は主に設計基準強度と製造時の品質のばらつきで定まることが多い．しかし，それ以外にも耐久性を考慮して数値が定まることもある．土木学会のコンクリート標準示方書では，設計基準強度が初めて規定されたのは1949年である．その上限値は160 kgf/cm²で，それ以降，図IV.1に示すように改定ごとに高い値が許されるようになってきた．プレストレストコンクリートの場合にはかなり高い値が許されていたが，最近では鉄筋コンクリートおよびプレストレストコンクリートのいずれの場合でも，1000 kgf/cm²までが許されている．すなわち，かなり高い強度のコンクリートもばらつきなく製造できる技術を有するようになったことと，橋梁のようにより長大化をはかるニーズが出てきたためであろう．一方，耐久性の観点から水セメント比に関する条件が提示されるようになった．図IV.2は凍結融解作用を受けるコンクリートの最大水セメント比（最小値）を示したものである．水セメント比の制限が初めて設けられた1949年では，その値が45％であったが，その後1956年にAEコンクリートが推奨されるようになると徐々にその値が増大していることがわかる．これは図IV.1に示すように使用されるコンクリートの圧縮強度が高くなり，凍結融解作用による制限よりも強度やその他の耐久性（塩害など）から定まる水セメント比が小さくなってきたことと対応しているものと見ることができる．しかし，今後の構造物を考えると必ずしも正しい方向であるとはいえないであろう．

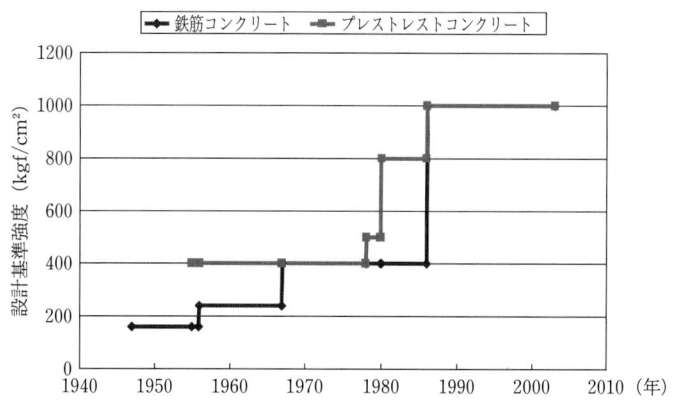

図Ⅳ.1 コンクリートの設計基準強度の最大値の変遷(土木学会コンクリート標準示方書をもとに作成)

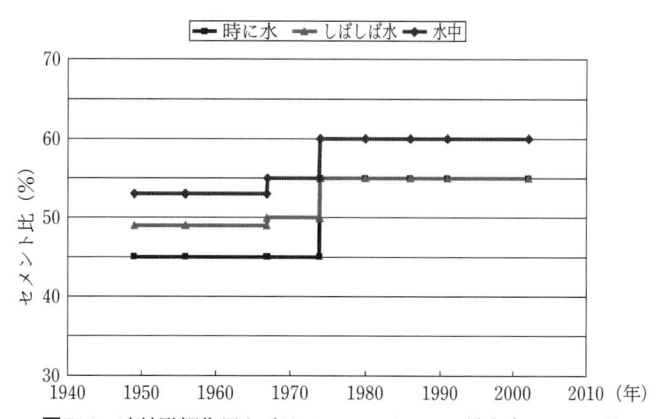

図Ⅳ.2 凍結融解作用を受けるコンクリートの最大水セメント比(最小値)の変遷(土木学会コンクリート標準示方書をもとに作成)

コンクリートの運搬は当初，シュート，バケット，ネコ車などを使用していたが，低スランプのコンクリートでも運搬可能で，移動も自由なコンクリート・ポンプ車が使用されるようになり，建築分野では1970年以降，土木分野では1980年以降，急速に普及した．当初のコンクリートは1960年頃まで現場練りコンクリートが主流であったが，1970年以降はダム建設などを除くとコンクリートプラントで製造したコンクリート（いわゆる「生コン」）の使用が50%以上となり，大量運搬のニーズに合致したということができよう．また，高度成長時代の幕開けに対応し，コンクリートの運搬に人手をかけず，急速施工を可能にした技術であるということもできる．

このようなコンクリート・ポンプ工法の普及に伴い，ポンプで送りやすいコンクリートのニーズが高まった．図IV.3に示すようにポンプ圧送時の管内抵抗（管内圧力損失）は，圧送量（吐出量）が大きいほど，またスランプの小さなコンクリートほど大きな値となるため，単位水量が大きくスランプの大きなコンクリートほど圧送性は高くなる．その結果，許容される範囲内でなるべくスランプの大きなコンクリートが望ましいことになる．しかし，図IV.4に示すように，練混ぜ後のスランプ低下が原因となり，打設現場で何らかのトラブルが発生した場合には，配置されたポンプでは圧送できなくなることがある．このような事態に対処するため，各種の減水剤，AE剤，AE減水剤，流動化剤，高性能AE減水剤など，より流動性の良いコンクリートを製造するための混和剤が開発され，利用されるようになった．しかし，それと同時に最も安く，簡便に流動性を高めることのできる単位水量の増大にもつながった．単位水量の多いコンクリートは，セメントなどの微粒分を増大させないと分離しやすく，また水セメント比も大きくなるため低品質のコンクリートになりやすい．1980年代にマスコミ等で「コンクリート構造物の早期劣化」が報道されるようになったが，このような配合の変化が原因の一つであるということができる．

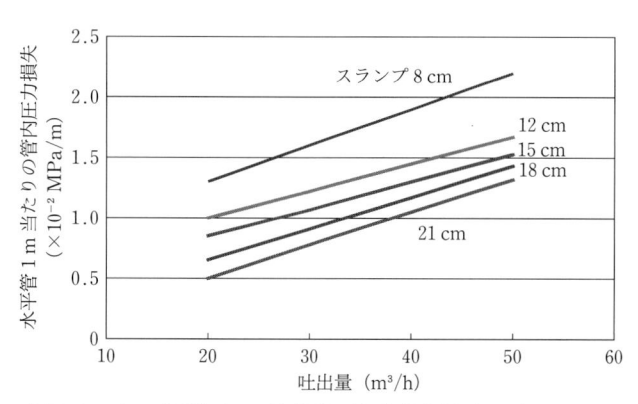

図Ⅳ.3　ポンプ圧送時の圧力損失（土木学会編（2000）：コンクリート・ライブラリー100 コンクリートのポンプ施工指針（平成12年版），土木学会，p.14）

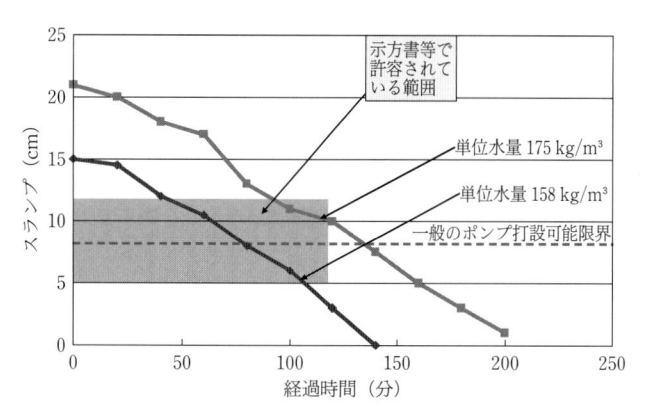

図Ⅳ.4　ポンプ打設可能なスランプと練混ぜ後のスランプ低下

IV 建設施工の変遷と問題点

2. コンクリート製造技術の変化

　現在，コンクリートはほとんどがミキサを使用して製造されているが，かつては手練りであった．つい数年前まで左官屋が手練りでモルタルの練混ぜを行っていたのを知る読者も多数おられよう．

　1890年以降になるとミキサが使用されるようになったが，当初は不傾式の円筒ミキサが使用されていた．しかし，土木で主に使用される固練りコンクリートにはこの形式のミキサでは対応することができず，これに対応するために1913年に可傾式ミキサが導入され，1914年からは本格的なコンクリートミキサの国産化が行われるようになった．事実，1960年頃まではほとんどのプラントのミキサは重力式可傾ミキサで，その容量も最初は0.5 m³程度のものであったが，その後3.0 m³程度のものまで使用されるようになった．1962年にはパン型強制練ミキサが導入され，練混ぜ効率の良さが歓迎され，さらにコンクリートプラント船に搭載できるような連続ミキサが開発された．近年では練混ぜ効率と排出効率の良さから，コンクリートプラントではそのほとんどが水平二軸型ミキサ（図IV.5）に変わっている．

　コンクリートの練混ぜ効率は，いかに短時間で所要の品質のコンクリートを製造するかである．これを達成するには練混ぜ性能が高いミキサが必要である．今日多くのプラントで使用されているパン型強制練ミキサ，水平二軸型ミキサ，可傾式ミキサの練混ぜエネルギー（単位体積当たりの消費電力）とコンクリートの品質を調べた実験結果を図IV.6～IV.8に示す．これらの図より①練混ぜエネルギーとしてミキサの消費電力量を採用すると，練混ぜエネルギーが大きくなるほどコンクリートの品質は均一になり，0.2 Wh/l以上ではほぼ一定となる．②練混ぜエネルギーが大きくなるとコンクリートのスランプは増大し，0.5 Wh/l程度で最大となり，その後減少する．③コンクリートの圧縮強度は，練混ぜエネルギーが大きくなるほど増大する．

　これらのことからわかるように，かつて行っていたような手練りよりも，今日使用されている大きな練混ぜエネルギーを与えることができる強制練りミキサを使用すれば，同じ練混ぜ時間であってもより高い品質のコンクリートが製造されるようになることが理解できよう．特に0.5 Wh/l程度の練混ぜエネルギーで練混ぜを行えれば，単位水量も小さくでき，より高品質のコンクリートとすることができる．しかし，現実には多くのプラントで50秒以下の練混ぜ時間しか行っておらず，消費電力量で0.2 Wh/l以下である．すなわち，品質のばらつきを少なくする程度の練混ぜしか行っていないことになる．

　機種や使用材料によっても異なるが，同一材料であれば現在コンクリートプラントで多く使用されているミキサの練混ぜ性能は次の順番になる．

パン型強制練ミキサ＞水平二軸型ミキサ＞可傾式ミキサ＞……手練り

　これらのことから，今日多くのプラントで使用されている水平二軸型ミキサは必ずしも最高の練混ぜ性能を有しているわけではない．また，練混ぜ時間が短いため与えている練混

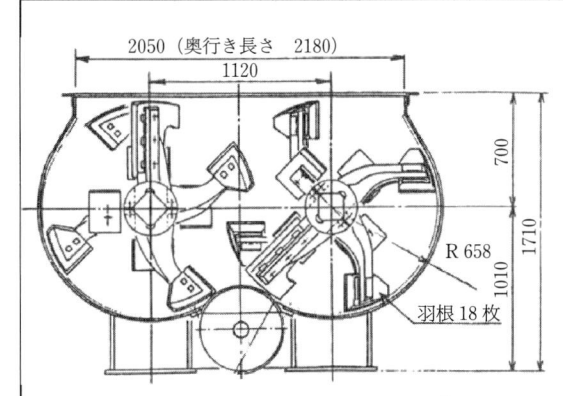

図Ⅳ.5 3 m³の水平二軸型ミキサの概念図

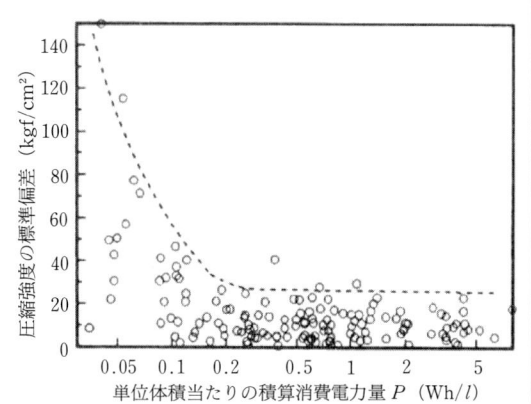

図Ⅳ.6 練混ぜエネルギーと圧縮強度の標準偏差（魚本・西村・渡部・田中（1992）：配合条件とミキサ消費電力量がコンクリートの品質に及ぼす影響．土木学会，442，v-16）

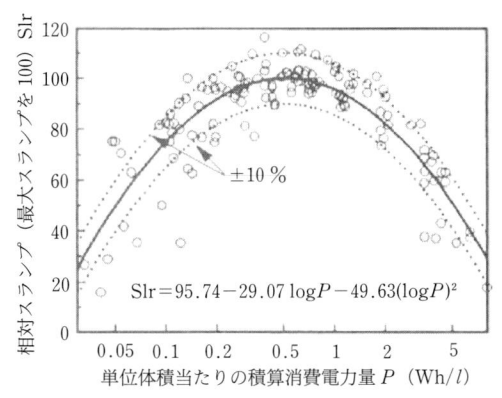

$$Slr = 95.74 - 29.07 \log P - 49.63 (\log P)^2$$

図Ⅳ.7 練混ぜエネルギーと相対スランプ（魚本・西村・渡部・田中（1992）：配合条件とミキサ消費電力量がコンクリートの品質に及ぼす影響．土木学会，442，v-16）

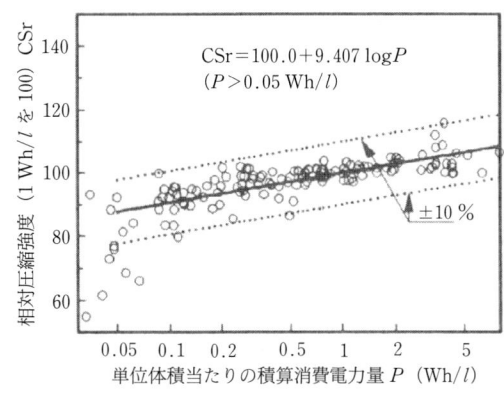

$$CSr = 100.0 + 9.407 \log P \quad (P > 0.05 \text{ Wh}/l)$$

図Ⅳ.8 練混ぜエネルギーと相対圧縮強度（魚本・西村・渡部・田中（1992）：配合条件とミキサ消費電力量がコンクリートの品質に及ぼす影響．土木学会，442，v-16）

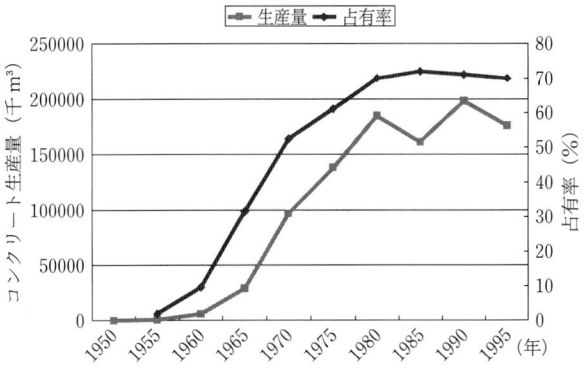

図Ⅳ.9 レディーミクストコンクリートの生産量と占有率の推移

ぜエネルギーも小さいことを，コンクリート製造者および技術者は認識しておくことが必要であろう．特に高流動コンクリートのように粉体の多いコンクリートの場合には十分な練混ぜが必要である．

　コンクリートの製造は1960年頃までほとんどが建設現場での練混ぜであった．しかし，レディーミクストコンクリート（通称：生コン）の普及とともにコンクリートプラントでの製造が中心となったが，このことは図IV.9でもよく理解できよう．特に1970年には占有率が50％を超え，その後はコンクリートといえばダム用コンクリートなどを除きレディーミクストコンクリート（生コン）のことをいうのと同じになってきた．

　現場での練混ぜと比較して，大量にコンクリートを出荷するレディーミクストコンクリートプラントの設備も大幅に改善されてきたということができる．計量装置も1955年頃までは手作業が中心で大変な労働が要求されたが，1965年以降，電気式重錘バランス方式からさらにはロードセル方式へと変化した．その結果計量精度も1/400から1/1000までに高めることが可能となった．また，1971年には電算化が導入されるようになり，計量も集中制御が可能となってきた．しかし，近年は建設市場の低迷に伴い1990年をピークにコンクリート生産量の低下，1工場当たり生産量の低下（図IV.10），コンクリート単価の低下など多くの問題を抱えている状態である．

　IV.1節で説明したように，コンクリートポンプ工法の普及に伴い，現場での軟練コンクリートの要求に対し不法加水などの問題が発生している．これはプラント出荷した後でポンプ車での搬送に支障が生じないよう現場等で不法に加水することで，図IV.11に示すように確かにスランプは増大するが，コンクリート品質（強度を含む）の著しい低下を招く．この図では例えば約 10 kg/m^3 の加水を行った場合，スランプは 6.5 cm 増大するが強度は13％減少することがわかる．

　現場での対応を考慮して土木学会および日本建築学会では「流動化剤（図IV.12）」(JIS化されていない）の使用を認めているが，仕様書等に規定されていないこと，コンクリートの費用が増大すること（流動化剤でスランプを増大させた場合の費用，図IV.13）などが原因であまり使用されていない．このような状況に対処するために，国土交通省等では単位水量の検査を行うよう定めているが，まだ一般化されていないのが現状である．これからのコンクリート構造物をより耐久的にするためには，学会等もこの問題に早急に対処することが必要である．

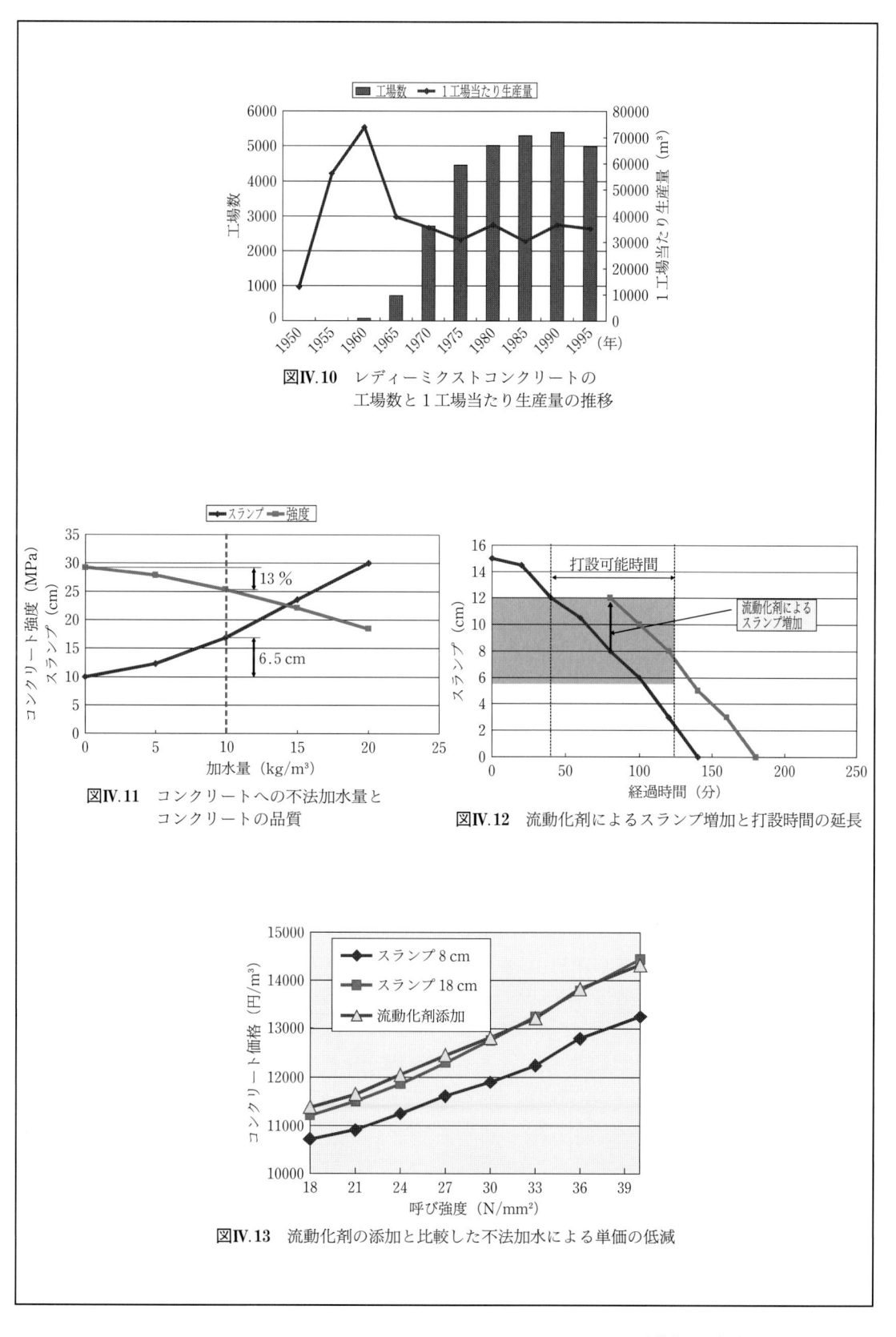

図IV.10 レディーミクストコンクリートの工場数と1工場当たり生産量の推移

図IV.11 コンクリートへの不法加水量とコンクリートの品質

図IV.12 流動化剤によるスランプ増加と打設時間の延長

図IV.13 流動化剤の添加と比較した不法加水による単価の低減

IV 建設施工の変遷と問題点

3. コンクリート構造物の施工の変化

　コンクリートを用いた構造物は，その時代の要求とともに形状，寸法が変化するだけでなく，材料の変遷，設計法の変遷に従って構造形式，施工方法も大きく変貌を遂げてきた．ここでは主だったダム，トンネル，橋梁に関する過去の記録をもとに（表IV.1），コンクリート構造物がどのように建設されてきたかを説明する．なお，コンクリート構造物の種類ごとに設計・施工の考え方や手法が異なっているが，大型構造物を建設するに当たってはさまざまな技術開発が行われている．特にダムやトンネルの場合には，大量の材料，施工機械等が必要となるため材料・配合（●）および施工機械等（■）の開発・信頼性の確認に大きく寄与している．また橋梁の場合には線形性や軽量化が求められるため，コンクリート構造物の設計手法等（▲）の開発・信頼性の確認に寄与している．表IV.1にはこれらのことをアミ掛けの濃度の違いにより示してある．

　a）**ダムの施工**：ダムとは，河川を横断して流水を貯留または取水するために建設される高さ15m以上の工作物をいう．コンクリートダムの目的は，50年ほど前までは発電用や水道水用など単独の目的で計画・施工されることが多かったが，その後は発電用，水道水用以外にも洪水調節用，農業用水用，工業用水用などの複数の目的を組み合わせて計画・施工されることが多くなっている．

　コンクリートダムの歴史を表IV.1に示した．国内で最も古いのは1900年代に竣工した神戸市水道局のものである（布引五本松ダム）．コンクリートダムは巨大な構造物であるため，目的に見合う規模を施工するためには適切な構造を選択する必要があり，セメントが貴重な時代にはコンクリート体積が少なくてすむ中空重力式やバットレス式も計画・施工されたが，近年のコンクリートダムの施工では重力式とアーチ式に限られているといってよい．前者はダム自重によって作用する外力に抵抗するように設計されているのに対して，後者は作用する外力を自重により支持するほか，堤体に生じるアーチ作用を利用して両岸および基礎地盤に伝達して安定を図るように設計されている点で異なる．現在では，良好な地形条件や地質条件が少なくなり，アーチ式ダムはほとんどなく，重力式ダムが多い．その場合コンクリートの種類は同一ダム内で部位別に経済性を考えて配合区分が分かれており，表面には耐久性が要求される富配合を，内部には発熱量の少ない貧配合を，埋設構造物まわりでは粗骨材最大寸法の小さい構造用コンクリート等が使用されている．

　セメントに関しては，当初は普通セメントを使用していたが，ダムコンクリートはマスコンクリートである場合が多いことから水和熱を少しでも抑制できるようなセメントへ種類は変わり，やがて普通セメントの時代から1920年代に高炉セメント（河内ダム），1930年代に中庸熱セメント（塚原ダム）を使用する時代を経て，1950年代からはさらに低発熱の中庸熱フライアッシュセメント（井川ダム）を使用する時代となった．一方，骨材に関しては同一ダムで大量の材料を消費することからダム建設予定地の選定や計画・施工そのものを左右することになり，材料の豊富さ加減ではロックフィルダムを選択する場合も

ある．コンクリートダムであれば，原石山を有する場合には砕石・砕砂を現地生産する骨材破砕プラントを併設しており，河床砂礫を使用する場合は骨材分級設備などを併設した専用の骨材プラントを利用している．また，混和剤に関してはコンクリートの耐久性やコンシステンシーを調節するために1950年代に入ってAE剤が最初に使用され（平岡ダム），次に減水剤（本名ダム）が，現在ではAE減水剤が主流となっている．

　配合理論に関しては，当初は容積配合を基本としており，比較的軟練りのコンクリートに粗石や玉石を投入していた．それが，1930年代に入って初めて重量配合を基本とした施工（泰阜ダム）を行って以降，硬練りのコンクリート（スランプ3cm程度）で粗骨材の最大寸法を100mm，単位セメント量220 kg/m³とする後の重力式ダムコンクリートの基本的な配合理論の大枠が確立された（塚原ダム）．なお，水和熱の抑制のために単位セメント量は改善され，混和剤の進歩とともに単位水量と単位セメント量は減少する傾向を示した．一方，アーチ式ダム用のコンクリートでは高強度が要求され，1960年代になって設計基準強度を47 N/mm²とするコンクリートが使用されている．

　設計法に関しては，変遷はあまり見られない．当初の重量式コンクリートダムに要求される安定性に関しては，転倒，滑動，許容応力度で評価する概念は明治時代に外国から導入されたものであったが，1920年代に物部長穂が確立した「貯水池用重力堰堤の特性並びに其の合理的設計方法」に従って地震力，揚圧力，温度応力などを考慮した設計が行われるようになった（小牧ダムほか）．ダムの構造や形状に関しては，基礎となる地盤や岩盤の力学特性に支配されており，その後の大きな変革は見られない．

　施工法に関しては，1970年代まではアメリカ内務省開拓局のフーバーダム（1930年代）で確立された柱状工法による施工が主流であった．柱状工法はマスコンクリートの施工であることを考慮しており，ブロックごとに水和熱の制御を行いつつ施工時期を計算し，計画・施工されてきた．しかしながら，時代とともにダム建設に適した場所が少なく，かつ堤体積が大きくなることにより経済性が追求されるようになり，合理化施工に関する研究が行われた成果が現在のRCD工法や拡張レヤー工法などである．そのうちのRCD工法は超硬練りコンクリート（ゼロスランプ：スランプで評価できずにVC値で評価）を振動ローラで締め固める薄層レヤー工法である．柱状工法のようにブロック割りをせず，硬化前にダム軸に沿って一定間隔（通常は15 m）で収縮目地として亜鉛引き鋼板を挿入する工法であり，1980年代から実施工で採用され始めた（島地川ダム）．拡張レヤー工法は，RCD工法と類似してブロック割りをせず，硬化前に亜鉛引き鋼板を挿入するが，打設するコンクリートは有スランプコンクリートであって内部振動機を使用した締固めを行う点が大きな違いである．施工規模の点では拡張レヤー工法はRCD工法に比べて中規模レベルのダムに適しているとされており，1990年代から実施工で採用され始めている（布目ダム）．

　b）　トンネルの施工：トンネルの施工法に関しては，一般に山岳トンネルと都市トンネルあるいは沈埋トンネルに大別される．山岳トンネルは鉄道，道路，水路などを構築する目的で山などの障害物を地上から直接掘削し，支保工と覆工コンクリートの組合せで施工したものであり，それに対して都市トンネルは，鉄道，道路，水路（上下水道）の他にも電力，通信，共同溝を構築するために地下から障害物を掘削して施工したものである．

もう一つの沈埋トンネルは，鉄道，道路，歩道などを構築する目的でドライドックや船台上で分割したトンネル躯体（沈埋函）を製作し，建設予定地まで曳航，水底に沈設して順時接合して一本のトンネルとしたものである．したがって，多くの場合はトンネルを構築する場所や施工環境により施工法は限定され，地質や地山条件，地下水位等により作用する土圧（水圧）によって覆工の構造（設計基準強度，覆工厚）を変化させて対応している．

　トンネルの歴史は表Ⅳ.1に示したとおりであり，覆工材料をコンクリートとするトンネルのうち国内で最も古いのは1910年代のもので，側壁に場所打ちコンクリートが使用された例がある（鳴子トンネル）．その後，1920年代には覆工全体にコンクリートが使用されるようになり，現在に至った．山岳トンネルに関しては，打設するコンクリートは，支保部材の役割を果たす一次覆工コンクリートと，永久構造物の役割を果たす二次覆工コンクリートとに大別される．支保工の材料は時代とともに大きな変化を見せており，1950年代までの多くは木製の支保工が使用された（丹那トンネル）．その後は鋼製のアーチ支保工が使用され，1970年代になってからはNATM工法が一般工法となった（栗須-平石トンネル）．NATM工法とは，掘削後，地山に対して早期に直接施工可能な吹付けコンクリートを施工し，ロックボルトにより固定することによって力学的効果による地山の自立機能を活用するものである．なお，ロックボルトにより地山の緩みは抑えられ，その後の二次覆工コンクリートは蛇行修正（軌道修正）や長期安全性，湧水や導水処理を目的とした化粧巻きの意味合いが強い場合があり，二次覆工コンクリートを省略するケースもある．そのためには一次覆工コンクリートを吹き付けた段階で力学特性の面でも耐久性の面でもトンネルの十分な安定が得られる必要があり，シリカフュームを混入した高強度吹付けコンクリートや鋼繊維補強コンクリートを使用するような対策がなされてきた．また，最近では鋼繊維補強コンクリートは二次覆工コンクリートとしても使用されており，ひび割れ発生の抑制や剥落防止には非常に有効な覆工材料とされている．

　一方，都市トンネルに関しては開削工法とシールド工法（1960年代以降）が主流であり，シールド工法は鋼製の筒状先端部で地山を安定させながら掘進し，逐次シールド機の後方（シールドテール部）には一次覆工コンクリートの替わりにセグメント（コンクリート製や鋼製など，用途によって選定）を設置することにより，それから掘削時の反力を得て掘進するものである．二次覆工コンクリートは，トンネルの補強，防食，止水，内面仕上げ（平滑性），蛇行修正（軌道修正）などの目的で無筋コンクリートとする場合が多く，現在では二次覆工省略型のシールドトンネルも増えている．なお，場所打ちライニング工法（ECL工法）は1990年代に登場したシールド工法の一種であり，シールドテール部に組み立てた内型枠にコンクリートを打設する工法である．その特徴は，地山にコンクリートが充填することによってテールボイドが発生せず，地山の緩みが生じないことである（秋間トンネル）．このトンネルでは配筋の中を確実に充填させるために高流動コンクリートを使用しており，新しいコンクリート技術との融合が図られている．さらには，使用する材料を鋼繊維入りの高流動コンクリートとすることで，鉄筋コンクリート造とは異なる設計法を取り入れた施工も行われている．

　沈埋トンネルに関しては，1940年代に国内では初めて大阪で施工され（安治川河底トンネル），その構造方式にはRC構造方式，鋼殻方式あるいは合成構造方式などがある．

これらのうち，鋼殻方式では表面の鋼殻（厚さ6～9 mm程度の鋼板）は施工時の型枠，完成後の防水の役割を果たすのみであり，設計上は鋼殻を除いた鉄筋コンクリートで設計荷重に対抗するものであるのに対し，合成構造方式では表面の鋼板も躯体コンクリートと一体化させた合成構造として扱われ，内部の鉄筋量を減らす効果から経済的な沈埋函となっている．そのため，鋼殻方式および合成構造方式では内部への確実な充填が必要となり，高流動コンクリートのような自己充填コンクリートを使用している場合も増えている．

c） 橋梁の施工：橋梁とは，道路，鉄道，水路などの輸送路において障害となる河川，渓谷，湖沼，海峡，運河や道路，鉄道などの上方に輸送路を設けるためにつくられる構造物の総称である．一般には，歩行者や自動車など直接支持する上部構造とそれを支える下部構造に大別され，最近の構造形式の変化により上部工と下部工が一体となったものまである．

橋梁の歴史は表IV.1に示したとおりであり，国内で最も古いのは1900年代に「本邦最初鉄筋混凝土橋」の碑が建てられた鉄筋コンクリート造の橋である（琵琶湖疎水運河）．コンクリート橋は鉄筋コンクリート橋（RC橋）とプレストレストコンクリート橋（PC橋）に分類され，現在では支間25 m以上の橋のほとんどはPC橋である．

日本で最初のプレテンション方式によるPC橋は1950年代に入って建設され（長生橋），ポストテンション方式の採用（第1大川橋梁）をはじめ，ディビダーク工法の採用（相模湖嵐山橋），レオンハルト工法の採用（吉井川橋）と多くのPC橋が続けて施工された．その後1970年代になると長大橋の時代になり，当時世界最長（230 m）のPC桁橋（浦戸大橋）や設計基準強度を80 N/mm^{2}とするPCトラス橋（岩鼻高架橋），特異な工法である押出し工法によるPC橋（幌萌大橋）などが施工された．さらに1970年代後半から1980年代になると，PC橋の主桁を主塔から張り渡した斜材で吊り上げた形式の斜張橋が登場するようになった．斜張橋はこれまでのPC橋に比べて形状に自由度が大きく，従来のPC桁橋の適用支間を超える長大橋の施工が可能となった．

1990年代以降になって中央支間400 mを超える長大橋はほとんどが斜長橋または吊り橋であり，その代表的なものに多々羅大橋と明石海峡大橋があげられる．特に吊り橋などではその張力に対抗するアンカレイジが巨大となり，工期の短縮に急速施工が必要となる場合や大量の鋼材が配置される場合など，コンクリートの充填を困難にする事態を招くことが予想されたが，現在では高流動コンクリートを使用することによって作業時間のゆとりや熟練作業員の数が乏しい条件下でも十分な充填性が確保され，高耐久性を有するコンクリート構造物の施工が行われている．

d） 技術開発と実構造物の施工：新しいコンクリート材料や配合を採用した場合，少量であればあまり問題とならないものであっても，大量になると多くの問題を発生させる．上記の各構造物はそれらの問題点を克服して完成されたもので，今日まで使用されているこれらの構造物は耐久性ばかりでなく，いろいろな意味で技術開発とその信頼性のチェックを行ったことに等しいといえよう．今後，このような大型の構造物があまり建設されないようになると，技術の進歩も停滞し，新たな問題が発生した場合の対策がなかなか進まないおそれがある．ぜひ，ある程度以上の規模の構造物を継続して建設し，技術の伝承と新規技術開発の継続を進めたいものである．

表IV.1　コンクリート施工の変遷

年代		施工対象	施工のトピックス，初適用等
明治	1870	石屋川トンネル	覆工にレンガを使用
		逢坂山トンネル	覆工レンガ目地にモルタルを使用
	1880	長等山トンネル（琵琶湖疎水）	インバートにコンクリートを使用
	1890	碓氷第26トンネル	裏込めにコンクリートを使用
	1900	布引五本松ダム	水道目的，重力式を採用
		琵琶湖疎水運河	▲鉄筋コンクリートを使用
大正	1910	黒部ダム	発電目的，重力アーチ式ダム
		浦山取水ダム	アーチ式を採用
		鳴子トンネル	側壁にコンクリートを使用
		鋸山トンネル	●アーチにコンクリートを使用
昭和	1920	笹流ダム	バットレス式を採用
		大井ダム	機械化施工を採用
		河内ダム	●高炉セメントを使用
		折渡隧道	シールド工法を採用，180 mで放棄
		関門道路トンネル	スチールフォームを使用
		清水トンネル	移動式アーチセントルを使用
		丹那トンネル	組立式アーチセントルを使用
		第1湯檜曽トンネル	吊桟橋による打設方式
		丹那隧道	シールド工法で鋼製セグメントを使用，87 mで放棄
	1930	小牧ダム	近代的設計を採用
		祐延ダム	●砕砂を使用
		泰阜ダム	●重量配合の採用
		塚原ダム	●中庸熱セメントを使用
		関門鉄道トンネル（単線）	覆工に鋳鉄セグメント（▲一部RCセグメント）を使用
		宇佐美トンネル	▲覆工に鉄筋コンクリートを使用
昭和	1940	二級ダム	多目的ダム
		相模ダム	■ベルトコンベヤを使用
		関門トンネル	■バイブレータを使用
		安治川河底トンネル	沈埋工法を採用
	1950	平岡ダム	●AE剤を使用
		生雲ダム	●高炉セメントを使用
		田瀬ダム	建設省直轄（東北地建）
		本名ダム	●減水剤を使用
		丸山ダム	■全自動バッチャープラントを使用
		須田貝ダム	●フライアッシュを使用
		上椎葉ダム	●アルカリ骨材反応を検討
		佐久間ダム	■大規模機械化施工を採用
		井川ダム	●中庸熱フライアッシュセメントを使用
		田子倉ダム	堤体積が最大（195万 m³）
		長生橋	▲プレテンション方式のプレストレストコンクリートを使用
		第1大川橋梁	▲ポストテンション方式のプレストレストコンクリートを使用
		相模湖嵐山橋	▲ディビダーク工法を採用
		吉井川橋	▲レオンハルト工法を採用
	1960	奥只見ダム	堤体高さが最高（重力式：157 m）
		黒部ダム	堤体高さが最高（アーチ式：186 m）
		坂本ダム	▲設計基準強度が最高（47 N/mm²）
		覚王山トンネル	全区間にRCセグメントを使用
		青函トンネル	●一次覆工に吹付けコンクリートを使用
		大阪市4号線トンネル（複線）	複線のシールド工法を採用
		笠島トンネル	■プレイサー付アジテータカーを使用
		森ガ先トンネル	泥水式シールド工法を本格的に採用
		島田橋	▲斜張橋を採用
		目黒高架橋	ブロックカンチレバー工法を採用

（次ページに続く）

表Ⅳ.1　コンクリート施工の変遷（続き）

年　代		施工対象	施工のトピックス，初適用等
昭和	1970	恵那山トンネル	●覆工に鋼繊維補強コンクリートを使用
		栗須-平石トンネル	NATM工法を本格的に採用
		青函トンネル	■坑内バッチャープラントシステムを採用
		浦戸大橋	▲PC桁橋を採用
		岩鼻高架橋	▲PCトラス橋を採用
		高島平高架橋	移動支保工を使用
		幌萌大橋	押出し工法を採用
		猿ヶ石橋梁	鉄道橋初の押出し工法を採用
		日川橋	▲PC箱桁橋を採用
	1980	島地川ダム	▲RCD工法を採用
		長与ダム	■ポンプ（PCD）工法を採用
		呼子大橋	▲PC斜張橋を採用（支間250 m/長大橋）
平成	1990	高滝ダム	■ベルトコンベヤ工法を採用
		布目ダム	拡張レヤー（ELCM）工法を採用
		宮が瀬ダム	最大規模のRCD工法を採用
		秋間トンネル	ECL工法を採用
		重信高架橋	プレキャストセグメント工法を採用
		明石海峡大橋	●橋脚に水中不分離性コンクリート，高流動コンクリートを使用
		多々羅大橋	中央支間長が最高（890 m）
	2000	宇奈月ダム	プレキャスト監査廊を採用

注）　表中の●は材料・配合に関して，▲は設計手法に関して，■は施工機械に関する変遷を表す．

V コンクリート構造物の維持管理の現状と問題

1. 現在の維持管理方法

　既存のコンクリート構造物を維持管理する場合，従来一般的に行われている方法は図V.1に示すような方法である．すなわち，年単位等で定期点検または詳細点検が行われ，劣化の原因および程度を判定する方法である．この場合に大切な点は，前回の点検結果に比べどの程度劣化が進行しているか，その後劣化がどのようになるかなどを予測し，構造物のLCC（ライフサイクルコスト）を考慮して補修・補強の必要性などを判断する必要があることである．しかし，これらの検査方法，判定方法，補修・補強方法などは十分に完成された技術にはなっていないため種々の問題が存在する．

　検査で最も重要な初期検査については，従来特殊な場合を除き目視検査のみが行われていた．しかし，1999年に起こった新幹線トンネル内でのライニングコンクリート剥落事故が契機となり，運輸省の「トンネル安全問題検討委員会」は建設中のコールドジョイントなどの初期欠陥が，その後の劣化事故等を生じさせる可能性があることを明らかにした．また，今後の維持管理のあり方として，構造物が建設された後ただちに目視検査と打音検査を併用した初期点検を行い，早期劣化を引き起こすような欠陥の有無を調べ，このような欠陥のないことを確認した上で使用開始することを提言している．その後の動きを見ると，今回の「剥落事故」が従来行われてきた維持管理方法を大きく変えることになり，結果的に大きな進歩を生んだといえよう．

　定期的な検査方法として一般的に行われているのは，検査員によるコンクリート表面のひび割れ，剥離，エフロエッセンス，汚れなどを外観する目視検査である．この方法は担当する検査員の判断によるため，どうしても主観が入ってしまい客観的で精度の高い記録として残すことは難しい．これらの問題に対しては，最近では目視検査ばかりでなく，デジタルカメラ，赤外線，レーザーなどの非破壊機器を利用したひび割れ密度（m/m²），ひび割れ間隔，平均ひび割れ幅0.2 mm以上のひび割れの長さなどを計測することや，剥離危険個所の推定を目的とした打音法，赤外線法などを用いた検査を併用することなどが試みられている．しかし，このような非破壊検査は目視検査と比較して経費がかかるため，詳細検査時にしか行われてこなかった．

　このように，目視検査が主流になっている原因の一つは，表V.1，V.2に示すように構造物の劣化程度を目視で判別できるひび割れ，浮き剥離，骨材露出，錆汁，鉄筋露出などの程度で判別し，その結果に基づき，詳細検査の必要性や補修・補強の要否を判定するようになっているからである．また，非破壊検査を用いた場合でも，表面硬度によるコンクリート強度の推定，単位面積当たりのひび割れ密度，0.2 mm以上のひび割れ総延長，ひび割れ深さ，自然電位などの計測が行われる程度で，その結果は目視検査結果の確認などに用いられているのが現状である．今後，検査手法の発達とともに診断方法の改良が行われるものと考えられるが，トンネル安全問題検討委員会では初期検査や10年に1回程度の大規模な定期検査では目視検査と打音検査を併用する方法などが提案されている．

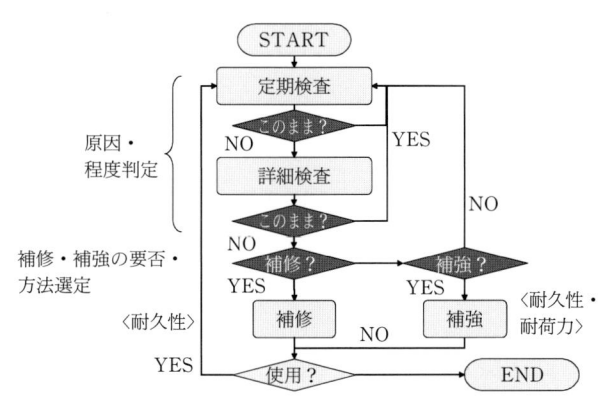

図V.1 一般的に行われているコンクリート構造物の維持管理フロー

表V.1 電力会社による健全度判定方法の例

管理項目	健全度		
	II	III	IV
(1) ひび割れ幅	構造上・機能上問題とならないひび割れパターンである．構造上・機能上問題となるひび割れであって，ひび割れ幅が $w<0.005\,C$ mm である．	構造上・機能上問題となるひび割れパターンであって，ひび割れ幅が $w>0.005\,C$ mm または $w<0.005\,C$ mm でも進行しているものである．	耐荷力を失うほどのひび割れ幅である．
(2) 浮き・剥離の大きさ	直径(50 cm)未満かつ深さ(2.5 cm)未満の浮き・剥離である．	直径(50 cm)以上かつ深さ(2.5 cm)以上の浮き・剥離である．	耐荷力を損なうほどの浮き・剥離である．
(3) 骨材の露出状況	骨材の表面が見える程度である．	粗骨材が脱落しているか，脱落しそうな状態である．	耐荷力を損なうほど著しい骨材の露出状況である．
(4) 錆汁	散財した錆汁である．	広範囲に発生した錆汁である．	
(5) 鉄筋等の露出	構造上必要でない鉄筋等が露出している．	構造上必要な鉄筋等が露出している．	耐荷力を損なうほど著しく広範囲に構造上問題となる鉄筋等が存在している．

注) C：純かぶりから計算される．

表V.2 港湾構造物の判定基準例

劣化度 項目	0	I	II	III	IV	V
鉄筋の腐食	なし	コンクリート表面に点錆が見られる	一部に錆汁がみられる	錆汁多し	浮き錆多し	浮き錆著しい
ひび割れ	なし	一部にひび割れがみられる	ひび割れやや多し	ひび割れ多し ひび割れの幅数mm以上のひび割れ含む	ひび割れの幅数mm以上のひび割れ多数	—
かぶりコンクリートの剥離・剥落	なし	なし	一部に浮きがみられる	一部に剥離・剥落がみられる	剥離・剥落多し	剥離・剥落が著しい
点検による調査の要否判定	調査の要なし（点検継続）		要調査			

補修の要否の判定

劣化度 項目	0	I	II	III	IV	V
補修の要否判定	補修の要なし		補修の要なし（都合により補修）	要補修		要補修（都合により補強）

V　コンクリート構造物の維持管理の現状と問題

2．これからの維持管理対象構造物

現在までにわが国は大量のコンクリート構造物を建設した．わが国から外国に輸出しているセメント量は相対的に少ないため，わが国のコンクリート使用量はセメント生産量からも推定することができる．1 m³当たり300 kgのセメントが使用されたと仮定して製造されたコンクリート量を推定すると，今までに約100億 m³のコンクリートが使用されているが，高度成長期であった昭和40（1965）年までに生産されたコンクリートは，1998年までのおよそ1/3程度にしかならない．すなわち現存しているコンクリート構造物の2/3は昭和40年以降に建設されたものであるということができる（図V.2）．

図V.3は，わが国におけるストック量の推計（累積および分布）を示している．図V.2のコンクリートの生産量の推移と同様に，1965年付近から急速にストック量は増加し，1992年をピークに減少傾向を示している．

一方，建設省，運輸省，農林水産省等で組織された「耐久性検討委員会」で発表された資料によると，図V.4に示すように建設後年数が経過すると補修されている橋梁数の割合はほぼ直線的に増大し，50年で約40%の橋梁が補修されていることがわかる．これらのことから明らかなように，今後は多くの構造物を維持管理しなければならないが，補修を要する構造物の数もこれからは急激に増大していくということができよう．

今後の状況を予測すると，図V.5に示すように建設後50年を経過した橋梁の数と橋梁全体の数は2000年では数パーセントにしかならないが，これからは急激に増大すると予想されている．特に2000年以降は，今後の新規建設の伸びにもよるが現在までと同程度の伸びであると仮定すると，2020年では建設後50年を経過する橋梁の割合が約1/3，2040年では2/3を超える可能性がある．もし建設の伸びが減少する場合には，より大きな割合になることはいうまでもない．これらの約1/2は補修する必要があるとすると，今まで建設した橋梁数に匹敵する数の半数を2050年までに補修しなければならないことになる．

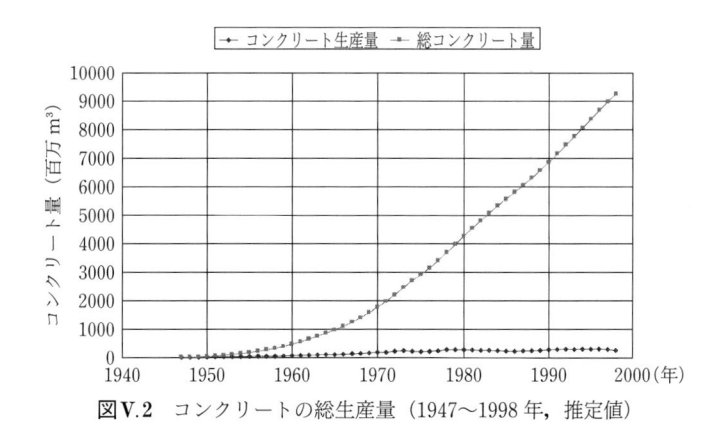

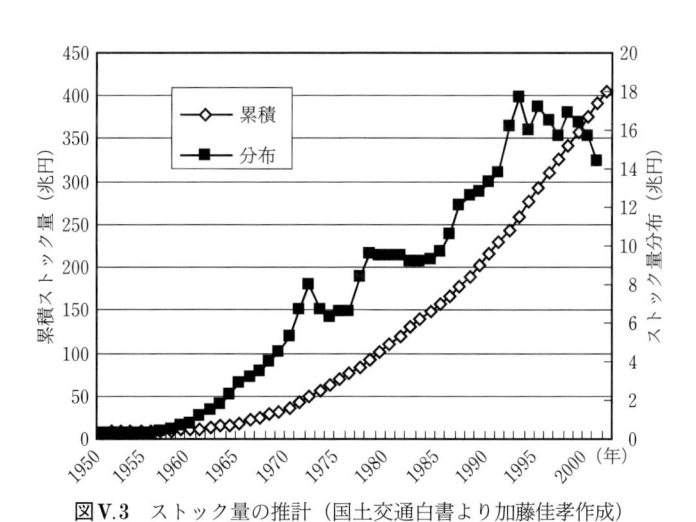

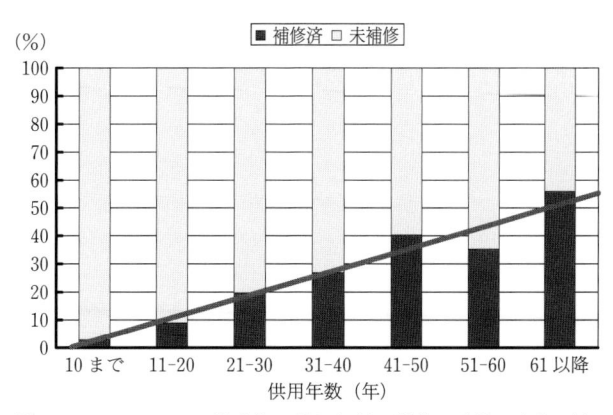

図 V.2 コンクリートの総生産量（1947〜1998 年，推定値）

図 V.3 ストック量の推計（国土交通白書より加藤佳孝作成）

図 V.4 コンクリート構造物の供用年数と補修の実施の有無（土木コンクリート構造物耐久性検討委員会の提言，建設省・運輸省・農林水産省，p.22，2000）

わが国の年齢分布（図V.6）を見ると，第二次世界大戦後大きく変化している．すなわち，0歳から14歳までの人口が著しく減少しており，逆に65歳以上の人口が増大している．現在では65歳以上の人口の方が14歳以下の人口割合を若干上回っており，14歳以下の人口は1940年頃のほぼ2/3になっている．このことから，今後のわが国は少子高齢化がさらに進み，建設分野等の技術者も減少していくものと予想される．2050年では若年層の人口割合が10％程度と予想されているのに対し，65歳以上の人口割合は30％を上回ることが予想されている．今までは建設分野への就業者数は約10％であったが，維持管理分野への就業者割合はその1/10にも満たない．もしこの傾向が継続すると考えると，これからの維持管理部門への就業者数を大幅に増大させる政策等がとられない場合には，検査，判定，補修・補強技術者の不足が大きな問題になってくる．

　以上のことをまとめると，今後は新たにコンクリート構造物を建設するよりも，既設のコンクリート構造物を，より少ない技術者で，あまり費用をかけずに維持管理することが重要となる．このため，21世紀は新規に建設すること以上に既存のコンクリート構造物を維持管理することが重要な仕事になるが，特に各種検査（一次検査，二次検査など）を客観的に実施するとともに，各種検査結果に基づいた劣化診断とその補修・補強が技術者にとって非常に重要な仕事となる．そのためにも日本コンクリート工学協会で2000年から開始した「コンクリート診断士」や土木学会の「特別上級・上級・一級・二級技術者資格（メンテナンス部門）」のような資格制度は，今後重要な役割を期待されているということができよう．

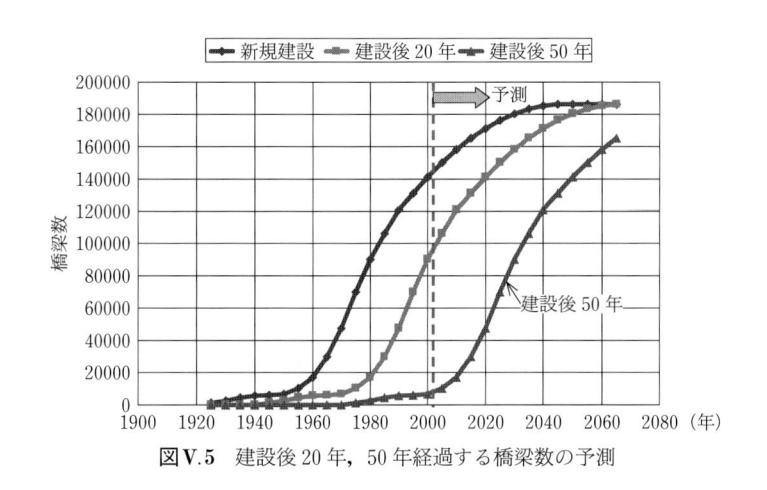

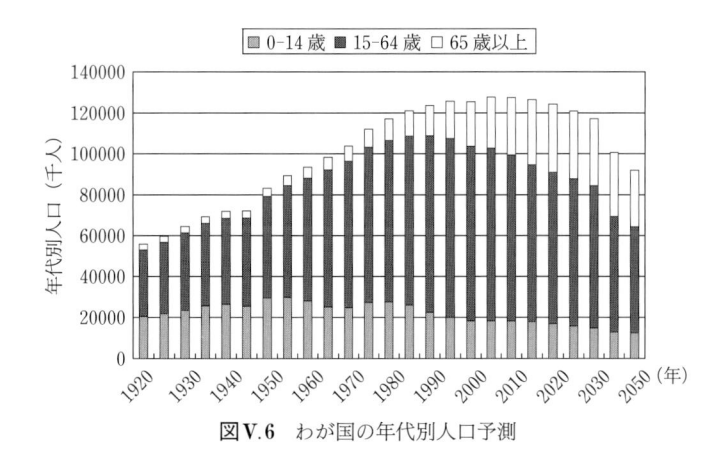

図 V.5　建設後 20 年，50 年経過する橋梁数の予測

図 V.6　わが国の年代別人口予測

V　コンクリート構造物の維持管理の現状と問題

3.　目視検査と非破壊検査

　目視検査は最も基本的な検査手法であり，熟練した検査員が行えば，構造物の耐久性や安全性に関するかなり重要な情報を容易に入手することができる．特に何らかの原因で事故等が発生した場合や，毎日行われる日常検査などにおいては欠くことのできない検査である．非破壊検査などに比べ，特に計測機器を持参する必要がないため簡便に行うことができるが，その利点と欠点をまとめると以下のようになる．
- ・誰でも特別な機器を常備しなくても行える検査である．
- ・検査員の技量によって異なる検査結果となりうる．
- ・詳細な写真を集積すれば別であるが，正確な記録を残しにくい．
- ・正確な記録が残しにくいため，前回に比べ変状が進行したか否かを判定しにくい．
- ・表面に現れた異常のみが検査対象となるため，コンクリート内部の欠陥などを調べることができない．

　このような利害得失をもっている目視検査ではどのようなことがわかるかをコンクリート橋梁の調査例で説明する．図V.7は橋梁のコンクリート床版を下側から撮影したものである．この写真からもわかるように，目視検査からは次のようなことがいえる．
- ・何本かのひび割れがある．
- ・ひび割れが密に入っている個所がある．
- ・漏水の跡が認められる．

　しかし，これだけの結果では劣化が進行しているのか，ひび割れは何が原因で生じたか，漏水はなぜ生じたのか，補修をするべきか否かなどを判定することはできない．表V.2（43頁）の判定基準によれば，特に問題はなく健全であると判定することになる．また，このひび割れの入り方などを勘案すると，「活荷重によるひび割れが入っており漏水が認められることから，貫通ひび割れまたはどこかから水が回ってくる経路が存在している可能性がある」程度の推定しか行えない．

　ここで，非破壊検査による赤外線写真およびレーダーによる鉄筋配置を調べた結果を重ね合わせると図V.8となる．この図から明らかなように漏水が認められている個所（図中の○印）に円形の低温部が存在し，その近傍の鉄筋にレーダーの乱れが認められる．これらのことから以下のようなことが推定される．
- ・部分的に低温個所がコンクリート中に存在していることから，コンクリート中に空洞（充填不良個所）が存在している可能性がある．
- ・漏水はこの空洞から発生している可能性がある．
- ・レーダー計測値の乱れから，黄色（図中②の囲み）で示した鉄筋の周辺には腐食生成物が存在している可能性がある．
- ・部分的ではあっても内部鉄筋が腐食している可能性がある．

　これらのことは目視検査だけではわからない事柄である．

図V.7 デジタルカメラによるコンクリート床版(背面)の撮影例((財)生産技術研究奨励会劣化診断研究委員会)
線状に見えるのはひび割れで,汚れに見えるのは漏水跡

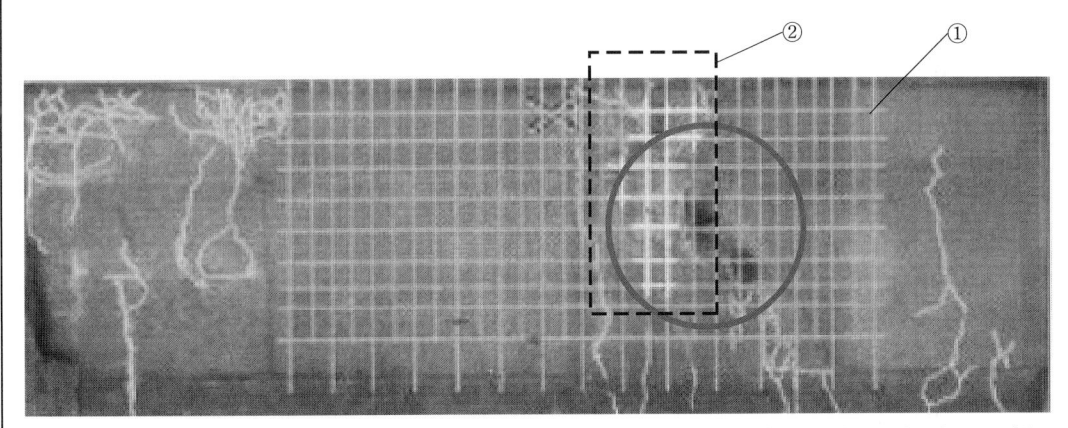

図V.8 デジタルカメラによるコンクリート床版(背面)に赤外線写真とレーダー計測結果を重ね合わせた例
　　　　((財)生産技術研究奨励会劣化診断研究委員会)
格子状の線がレーダーによる鉄筋配置で(図中①で表す線),点線内は計測結果に乱れが認められる個所(図中②),図中黒くなっている所は赤外線写真による低温部を示している.

実際にこのコンクリート床版の内部がどのようになっているかを調べるため，図V.8の○印の個所を対象として下面からコアを抜き取った．コア採取部の写真を図V.9に示す．この図からわかるように，特に問題とはなっていない個所では充填不良もなく鉄筋も少し錆びている程度である．しかし，問題となった個所では施工時に発生したと思われる充填不良による空洞が存在し，鉄筋もかなり腐食していることがわかる．これらのことから，この個所は施工時に発生した充填不良により生じた空洞に雨水がたまり，自動車荷重により発生したひび割れを通じて床版下面に漏水が生じたものと考えられる．また，この充填不良個所の鉄筋はまわりの鉄筋より腐食しやすい条件となっており腐食も進んだものと考えられる．

　以上の例からもわかるように，目視検査は簡便であるが得られる情報が少ないことと，記録性に劣るという欠点がある．

　そこで簡易的ではあっても目視検査で劣化原因，劣化程度，第三者被害の可能性などを検査できる客観的な検査手法の開発が望まれている．その手法の一つとして東京大学生産技術研究所で開発したコンピューターを利用したエキスパートシステムと携帯用コンピューター（携帯電話でも利用できることが望ましい）の利用をはかった図V.10のような「対話型検査・データ取得システム」が考えられる．しかし，現実には大型の土木コンクリート構造物全体を外観から検査し，精度よく診断するためにはさらに技術開発を行うことが必要である．

　なお，図V.10のシステムを改良しコンクリート劣化診断ソフトを民間企業と共同で開発した．本書の付録にてソフトの概要と診断事例を掲載している．

特に問題にならなかった個所（空洞はなく錆も少ない）　　問題になった個所（充填不良によるジャンカと鉄筋腐食）

図V.9 問題個所のコア抜き調査結果（(財)生産技術研究奨励会劣化診断研究委員会）

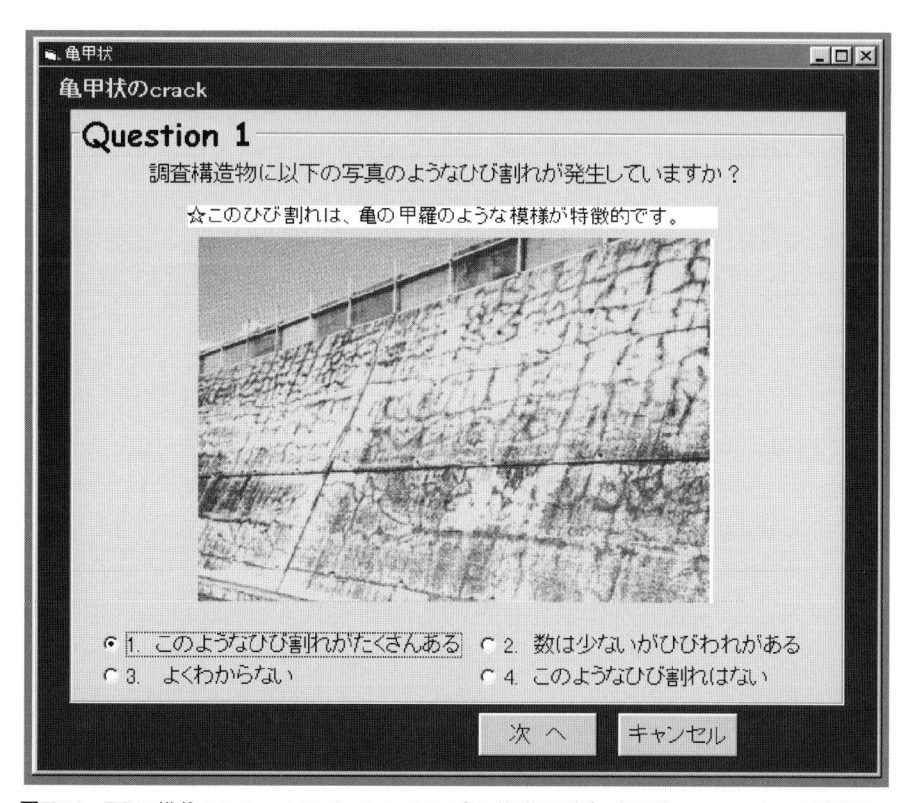

図V.10 PCに搭載されたエキスパートシステム例（伊代田岳史（1998）：コンクリート構造物の劣化診断支援システムの構築，芝浦工業大学修士論文）

Ⅴ コンクリート構造物の維持管理の現状と問題

4．非破壊検査

　コンクリート分野で使用されている非破壊検査にはさまざまなものが存在する．その大半は他分野で開発された装置をコンクリート用に改良して利用しているものであるが，コンクリートの特性を必ずしも十分把握せずに改良されたため，ユーザーにとって利用しにくい装置であることが多い．逆にいえばこの分野はまだまだ発展途上であり，これからの技術開発等による大幅な進歩が期待できる分野である．

　表Ⅴ.3はコンクリート分野で使用されている非破壊検査を分類したものである．この表からも明らかなように，コンクリートの製造から経年時の検査まであらゆる段階でさまざまな原理の非破壊検査が存在するが，現実にはこれらのうちのごく少数の非破壊検査が利用されているにすぎない．その原因として，非破壊検査装置にはユーザーである建設系技術者が理解しにくい原理が用いられていることや，測定精度や測定費用がユーザーの期待に合わないこと等もあげられるが，最も大きな原因は既設構造物の維持管理よりも新規構造物の建設が主体で，発注者がそれほど非破壊検査に対して重要性を感じていなかったことであるといえよう．しかし，新幹線のトンネルコンクリート剥落事故発生以降，非破壊検査の重要性に対する認識が高まったことや，土木学会のコンクリート標準示方書が性能照査型に改定されたなどが契機となり，「検査」の重みは今までよりもはるかに大きくなったといえよう．

　構造物が完成するまでに行われる各種検査の大半は目視検査である．非破壊検査が使用されてきたのは，コンクリート中の水分量の測定やダムコンクリートなどにおける打設直後の密度測定などに限定される．一方，既設構造物の硬化コンクリートの品質判定等においては，シュミットハンマー，プルアウト法などに代表されるようなコンクリート強度に関する非破壊検査が重要視されてきた．これは構造物として所要の強度を有しているか否かが一番の関心事であったためである．耐久性に関する検査については，コンクリート表面に発生したひび割れ分布やひび割れ深さ，鉄筋腐食などが調査対象となっている．しかし，「Ⅴ.1　現在の維持管理方法」で述べたように，その測定結果がうまく利用されていないため，結局は経験者による目視検査で終わることが多い．現在では初期欠陥を調べるために打音検査も併用されるようになってきているが，非破壊検査に対しては下記のような問題点が指摘されている．

　①測定精度が必ずしも期待どおりでない．
　②測定結果が波形であったりするため理解できない．
　③土木構造物の場合，大規模なものであるため測定費がかかりすぎる．

　これらの問題点は技術的にも解決することができる．図Ⅴ.11および図Ⅴ.12は超音波およびX線を利用した詳細検査の結果であるが，コンクリート内部の空隙や鉄筋の配置などをかなり高精度に検査することができることが理解できよう．また図Ⅴ.13はレーダーを利用したコンクリート内部の鉄筋および空隙を検査した結果であるが，装置を替えず

表V.3　コンクリート工事等における品質検査・非破壊検査の適用

時　期	検査項目	必要な測定	検査方法	備　考
製造時	材料試験	各材量の品質	JIS等の検査	物理・化学試験
	コンクリートの品質	コンクリート配合など	フレッシュコンクリート試験 硬化コンクリート物性試験	物理試験
	計量	各材量の質量	はかり	
	練混ぜ	練混ぜ程度	トルク（電流値）測定	スランプの推定も可
打設前	各種寸法	型枠配置	メジャー，トランシット等	図面との照合
	配筋（PC鋼材含む）	かぶり，鉄筋間隔 鉄筋寸法	メジャー，ノギス等	図面との照合
	鉄筋接合	圧接継ぎ手	超音波測定	押抜き検査もある
		機械継ぎ手	トルク等	
フレッシュコンクリート	運搬	ポンプ圧送性 材料分離の程度	加圧ブリージング試験 ブリージング試験	
	打設直前検査	スランプ 空気量，温度	スランプ試験 エアメーター，温度計	
		強度（サンプル）	強度試験	各種早期判定方法
		配合推定	RI	水分量推定
打設時	締固め	充填度	密度測定，RI	ダム等ではRI測定もある
		充填状況	赤外線，RI	型枠等の外から
		材料分離の程度	ふるいわけ試験	
	養生	内部温度	熱電対	一般的
		表面温度	赤外線	
		コンクリート応力	モールドゲージ，光センサー	打設養生時の応力測定
完成時	各種寸法	断面寸法	メジャー，トランシット等	全面がオープンの時
			超音波，インパクトエコー，レーダー	背面等が地盤に接する場合等
	配筋（PC鋼材も含む）	かぶり	レーダー，電磁誘導法，X線	最外郭のみ
		鉄筋間隔	レーダー，電磁誘導法，X線	限界あり
		鉄筋寸法	電磁誘導法	最外郭のみ
	構造物全体	全体剛性	振動試験	振動数，振幅等計測
経年時	外観	劣化兆候	目視検査，写真	錆汁，ひび割れ
		異常個所（可視）	デジタルカメラ，赤外線，レーザー	ひび割れ，ジャンカ，コールドジョイント等
		異常個所（非可視部）	打音，赤外線，レーダー，超音波，X線，打音	表面からは見えない個所（内部，背面空洞等含む）
	応力・変形	全体変形	メジャー，トランシット等	
		局部変形	ダイヤルゲージ，ひずみ計	
		振動	加速度計，変位計等	
		応力	モールドゲージ，光センサー	
	強度・剛性	コンクリート強度	コア試験	最も一般的
			プルアウト，シュミット法等	信頼性の問題
		弾性係数	コア試験	最も一般的
			超音波伝播速度，変形	
	ひび割れ・剝離	分布（可視部）	デジタルカメラ，赤外線	
		ひび割れ幅（可視）	デジタルカメラ，赤外線	直接測定も可
		深さ	超音波	深いと鉄筋の影響あり
		発生	AE	疲労等，常時計測
	有害物質浸透深さ	中性化深さ	コア試験	いずれもコアで分析
		塩化物イオン深さ	コア試験	
		酸等の深さ	コア試験	
		有害イオン分布	マルチスペクトル法	コンクリート表面のみ
	透水・透気性	透気性	簡易透気係数測定	
	鉄筋腐食	腐食個所	自然電位	測定時の腐食個所
		腐食程度	自然電位，電流量解析	定期的測定が必要

注）表中の □ は非破壊検査が使用されていることを示す．

ともデータを処理することで，その道の専門家でなくても検査結果がわかるように表示することは可能である．これらの結果から明らかなように①および②の問題点は，計測結果の表示方法を変えることで対処できることが理解できよう．

　問題点③に対処するためには，効率的な検査計画を立案することが重要となる．特に，コンクリート構造物は後述の「Ⅶ.コンクリート構造物の劣化と原因」で示すように，使用する材料や構造物が供用されている環境によって劣化形態が大きく異なる．このため，非破壊検査を適用する前に，設計図書や環境状況など構造物の劣化を予測するために有効な情報を活用して，可能な限り劣化原因や劣化進行の予測を実施し，非破壊検査で収集すべき情報を明確にすることが重要である．また，同じ検査項目に対しても複数の非破壊検査手法が存在し，各々の検査手法には長所短所がある．例えば，異常個所（非可視部）の測定は赤外線や超音波で行うことができ，赤外線の精度は超音波の精度に劣るが広範囲の測定を比較的短時間で実施することができるという長所を有している．このような検査手法の長所短所を良く理解すれば，「Ⅴ.3　目視検査と非破壊検査」で述べたようにデジタルカメラ，赤外線，レーザーなどを利用して構造物全体のラフな検査を先に行うことで詳細検査の個所数を大幅に減少させることができる．すなわち，1種類の非破壊検査だけではなくマクロな情報を得る手法とミクロな情報を得る手法をうまく組み合わせることで，全体の検査費を低減させることができる．これからの非破壊検査はこのようなシステムで行うことが重要であるといえよう．

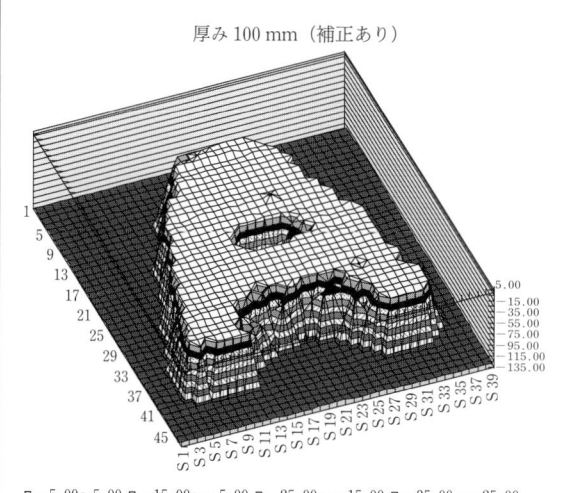

図V.11 超音波法によるコンクリート内部空隙探査（平田隆祥（2002）：超音波法によるコンクリート構造物のひび割れ詳細調査方法に関する研究，東京大学学位論文）

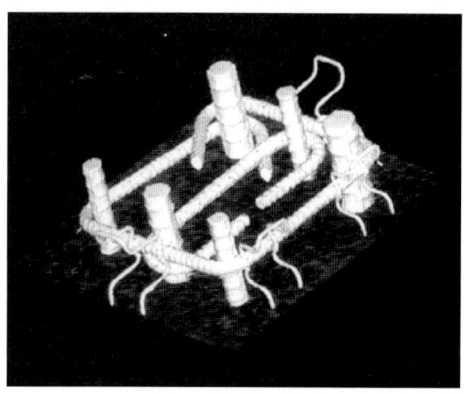

図V.12 鉄筋コンクリート柱の高エネルギーX線によるCTスキャン画像（出海・和泉・魚本（1999）：コンクリート検査への高エネルギーX線CT/DR適用の可能性，第3回放射線シンポジウム講演論文集，非破壊検査協会）

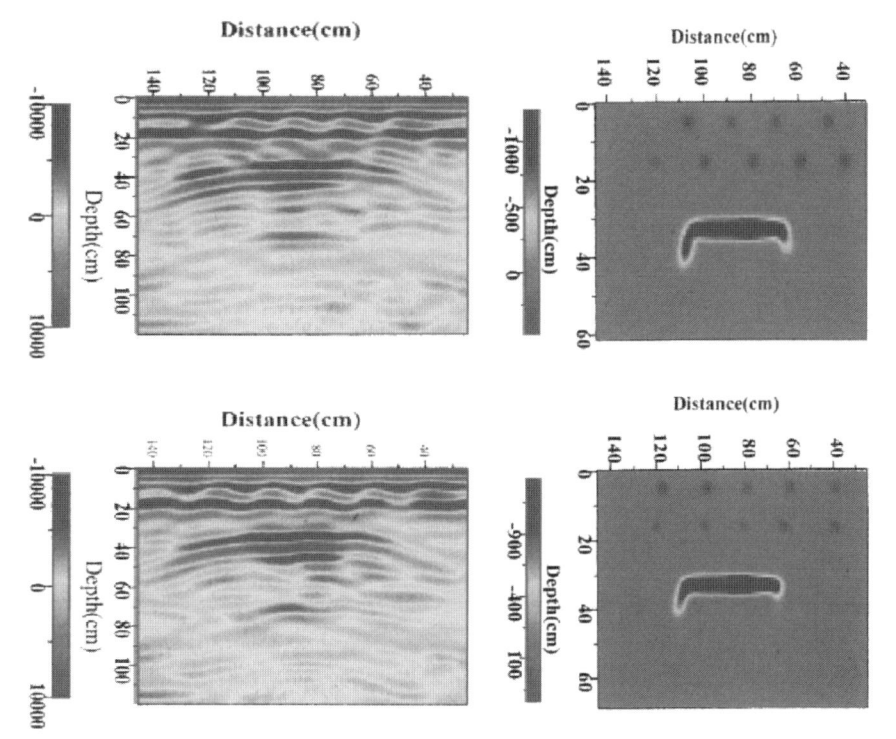

図V.13 レーダーによるコンクリート内部の鉄筋および空隙配置（朴　錫均（1996）：レーダ法によるコンクリート背面空隙の非破壊検査，東京大学学位論文）
　　　　左：市販装置による計測結果，右：計測結果からの空隙等再現

V．コンクリート構造物の維持管理の現状と問題——55

V コンクリート構造物の維持管理の現状と問題

5. 補修方法

　劣化したコンクリート構造物の補修方法は，大きく分類すると①物理的方法（断面修復工法，ひび割れ注入工法，表面処理工法）と②電気化学的方法（電気防食，脱塩工法，再アルカリ化工法，電着工法）に分けられる．一般的に行われているのは図V.14に示した前者であるが，近年では海砂を多量に用いた構造物や塩害による著しい劣化を生じている構造物に対しては，後者の手法が適用されている．ここでは前者の手法の現状と問題点を説明する．

　断面修復，ひび割れ注入，表面処理を組み合わせた物理的補修方法は，建築の分野においてもかなり昔から行われており実績も多い．しかし，土木構造物と建物を比較すると，土木構造物の方が耐用期間は長く，自動車・鉄道などによる疲労荷重を受けるものが多く，風雨のみならず飛沫塩分や亜硫酸ガスなどに直接暴露されていることが多いため，建物ではあまり考慮されていない原因で劣化する可能性も高い．このため，建物で一般的に利用されている補修方法では必ずしも十分でない場合がある．特に，橋梁などではコンクリートが直接構造物表面に現れていることが多く，鋼材の腐食などによるコンクリートの剥落等が生じると，その下を通る一般の人・車に対し被害を発生させる可能性がある点を考慮する必要がある．

　現在まで，この種の補修工法では非常に多くの材料，施工方法が適用されているが，既存コンクリートとの付着，適用した場合の耐久性など未解明な点が多い．例えば，表面処理材でも樹脂系材料（種類・組合せが非常に多い）による塗膜だけの方法，炭素繊維シート，アラミド繊維シート，ガラス繊維シート等を併用した方法，短繊維を混入した方法など非常に多くのものが適用されているが，ある条件下においてどの方法が適するかなどについては明らかにされていない．図V.15は日本コンクリート工学協会の「補修工法研究委員会報告書」（1996年）のデータを整理したもので，海洋および内陸で断面修復・表面処理工法で補修した鉄筋コンクリート梁の4.5年後の暴露結果である．この図では，縦軸はコンクリート中の鉄筋腐食面積率を，横軸は1000 m^2の断面修復・コーティングを施す場合の材工を含めた費用（足場代を除く）を示している．この図から明らかなように，実験開始前にはより高い費用をかければ高い防食効果が得られると予想していた．しかし，実験結果は想定した結果とは異なり，図に示されているように高い費用をかけても高い防食性を有しているわけではないことが明らかになった．すなわち，現在の技術レベルでは数万円/m^2の仕様であっても数千円/m^2の仕様のものよりも防食効果が劣るものも存在していることになる．

　このような逆転現象が生じる原因は，各種工法で使用されている材料・システム等の耐久性が明らかにされていないため，他の方法と比較することができないことである．一般に，開発された新たな方法が構造物に適用された例は種々報告されているが，その材料・工法等の詳細が記述されておらず（記述されていてもすでに改良されていることもある），

適用される前にどのような問題がありどのように克服したか，どのような条件でどのような劣化が存在すると考えているかなどは公表されていない．こういった問題に対処するには，各材料・工法が長期的にはどのように劣化し，どのような弊害が生じうるかなどを客観的に評価するための試験方法・規格の制定や，官学民が共同してそれぞれが保有しているデータをオープンにすることが不可欠であろう．現在，東京大学生産技術研究所でも種々の暴露実験を行っているが，新材料になればなるほど長期耐久性に関するデータは不足しており，適用時には良かれと思っても数十年先には問題となる可能性もある．「性能照査」が求められる今日，ある材料・工法が「良い」か「悪い」かということよりも，より多くの耐久性に関するデータを蓄積することが，わが国の技術の発展に大きく寄与するという広い視野で研究・技術開発を行う必要がある．

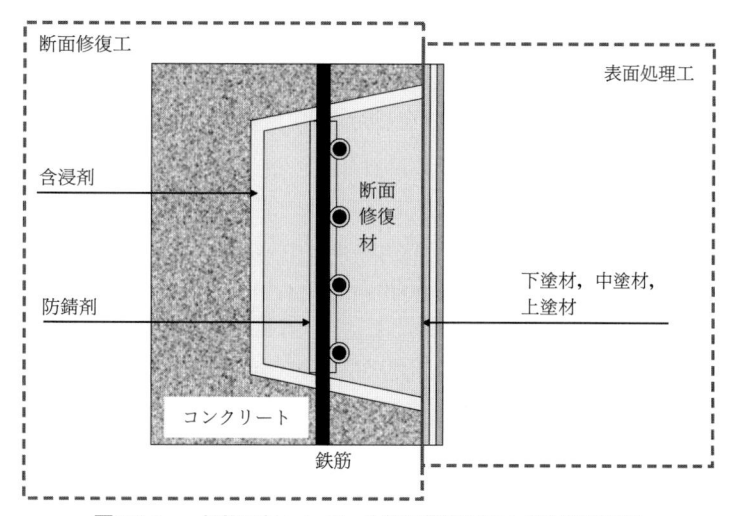

図V.14 一般的に行われている断面修復工法と表面処理工法

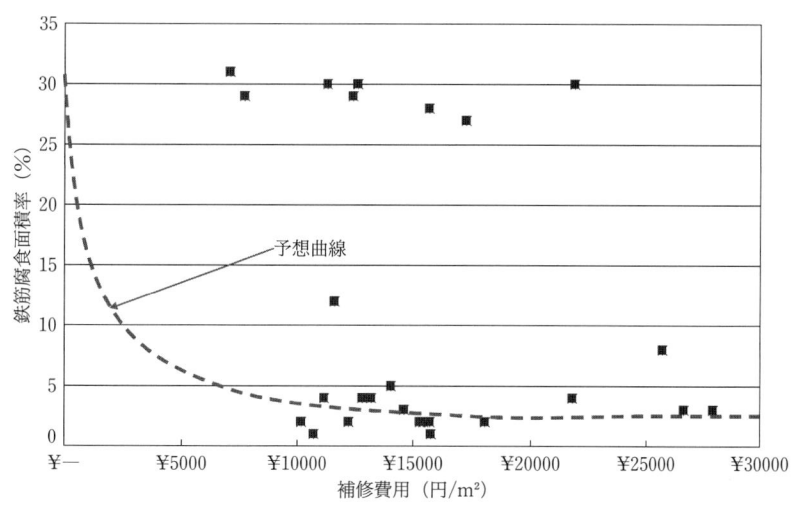

図V.15 補修費用と鉄筋腐食率の関係

VI 各種示方書・仕様書の変遷

1. コンクリート標準示方書の変遷

　土木の鉄筋コンクリート構造物は，土木学会「コンクリート標準示方書」（以下，示方書）に基づいて設計や施工が行われることが多く，建設当時の示方書の内容を確認することは，構造物の診断を行う上で有効である．

　示方書は，1931（昭和6）年に制定され，その後，関連するJISの制定・改訂や新しい技術の進展に伴って，十数回にわたる制定・改訂が行われて現在にいたっている．また，示方書の構成も変化してきており，特にプレストレストコンクリートについては，1978（昭和53）年に制定された「プレストレストコンクリート標準示方書」が，1986（昭和61）年に示方書の中に取り込まれ，現在の形ができ上がった．示方書の制定および改訂の流れを表VI.1に示す．各示方書には，その時代における中心的なコンクリート技術が示されている．ここでは，構造物の耐久性を診断する上で重要な項目について，年代を追ってその概要を示す．

　a）**かぶりの変遷**：コンクリートの耐久性を支配するかぶりの規定は，1931（昭和6）年に制定された示方書では「版の下側で1 cm以上，桁で1.5 cm以上，柱で2 cm以上とし，構造物の重要度，塩分などの環境条件あるいは摩耗の影響などに応じて1～2 cm増加する」ことが示された．この規定は，9年後の1940（昭和15）年においてさらに詳細に規定され，先に規定された値に対して，重要構造物などの場合には1 cm増加，塩分など有害な影響を受けるおそれのある部材では2 cm増加させることが規定された．これらの規定は一時期強化されたこともあったが（1949（昭和24）年の制定で，特に気象作用が激しい場合では版，梁，柱とも5.0 cm以上（ただし，版の下側は2.5 cm以上）との規定が設けられた），基本的には1986（昭和61）年に大きく変更になるまで引き継がれた．昭和61年版からは，現在（平成14年版）と同様に「最小かぶりC_{min}」＝「基本かぶりC_0」×「コンクリートの設計基準強度に応じた係数α」によって設定されることになり，「一般の環境」「腐食性環境」「特に厳しい腐食性環境」に分けて，現在（平成14年版）と同じ値の「基本のかぶり」が設定されている．なお，平成14年版以降（施工編では平成11年版以降）において，かぶりの設定は耐久性照査に基づいて行われるようになっており，それ以前のかぶりの設定方法（規定値以上に設定する方法）と大きく変わっていることに注意が必要である．

　一方，海水の作用を受けるコンクリート（あるいは海洋コンクリート）のかぶりについては，1931（昭和6）年に「7.5 cm（隅角部で10 cm）」が規定され，その後1967（昭和42）年の改訂まで変更されなかった．昭和42年の改訂では，海水中で施工する場合のかぶりが新たに規定され（10 cm），この値は現在まで引き継がれている．一方，海水中で施工しない場合のかぶりとして，特に厳しい環境条件においては7 cm，それ以外は5 cmと規定された．この値は，その後1986（昭和61）年版で大幅に改訂され，「特に厳しい腐食性環境」における基本のかぶりとして，「スラブで5.0 cm，はりで6.0 cm，柱で7.0

cm」と設定され，この値は現在まで引き継がれている．

以上を概観すると，かぶりに関する規定が制定あるいは大きく変更になったのは，昭和6年版，昭和15年版，昭和61年版，平成14年版であることがわかる．

b） 水セメント比の変遷：水セメント比に関する規定は，1931（昭和6）年に制定されたときは，材齢28日の圧縮強度から設定することになっており，耐久性に関する規定は見られない（表VI.2）．示方書に示された配合から推測すると，通常の強度範囲では水セメント比は55％程度かそれ以上であったと推定される．

初めて耐久性の観点から水セメント比が規定されたのは1949（昭和24）年版からであり，主に凍結融解作用（海水との複合作用も含む），硫酸塩，浸食性溶液，塩類に対する耐久性から規定された．凍結融解作用に対する水セメント比の規定は，その後1986（昭和61）年に改訂されるまでほぼ同様な内容であった．また，現在大きな問題の一つとなっている塩害に関する規定では，当時すでに「塩類にさらされる場合」として45％以下となるように規定されていた．これらの規定は昭和61年版で大きく見直され，その内容は1996（平成8）年版まで引き継がれた．なお，平成11年版（施工編）以降では，耐久性照査に基づいて水セメント比を設定することになっており，それまでの方法と大きく異なることに注意しなければならない．

c） 単位水量の変遷：単位水量に関する規定が初めて示されたのは，1958（昭和33）年版からである．ただし，昭和33年版では具体的な数値は規定されておらず，必要なコンクリートの性能を満足する範囲で「単位水量をできるだけ少なくする」ことが条文中に規定された．それまでの示方書では触れられていないが，例えば昭和24年版においてあげられているコンクリートの配合例（AEコンクリートではない）から推測すると，スランプ10 cm程度で，170～195 kg/m³程度の水が使用されていたと推測される．

単位水量の具体的な数値が規定されたのは，1996（平成8）年以降であり，解説の中で「$G_{max}=20～25$ mm で 175 kg/m³以下」の数値が示され，現在（平成14年版）までその値が引き継がれている．

d） 許容ひび割れ幅に関する規定：許容ひび割れ幅が具体的に規定されるようになったのは，設計体系が限界状態設計法に移行した1986（昭和61）年以降であり，それ以前は鉄筋の引張応力度を制限することで，暗黙のうちにひび割れ幅を制限する手法が示されていた．

昭和6年版，昭和15年版では，鉄筋の許容応力度は規定されていたが，ひび割れ幅に関する記述は見られない．しかし，1949（昭和24）年版の鉄筋の許容応力度に関する規定の解説の中で，ひび割れ幅や耐久性を考慮して許容応力度が設定されていることが示された．この記述は，それ以降にも引き継がれ，1967（昭和42）年版の鉄筋の許容応力度の規定では「ひび割れが特に有害な場合は責任技術者の指示によって許容値を適当に下げる」ことが解説中で示された．

1986（昭和61）年版では，限界状態設計法が全面的に採用され，使用限界状態においてひび割れ幅を計算し，その値が許容ひび割れ幅より小さいことを照査する設計体系となった．この改訂で示された数値は，平成14年版と同様である．

e） 塩化物含有量に関する規定：塩化物含有量は，鉄筋コンクリート構造物に対して

規定されるものであるが，昭和6年版では海水を使用してはならないことが規定されていただけであった．その後，昭和30年代以降において海砂が使用されるようになったことにより，1974（昭和49）年に海砂に含まれる塩分量がNaClに換算して0.1%以下となるように規定された．この規定は，その後見直されながら現在にいたっている．

昭和50年代において塩害の深刻さが報道され，社会的にも大きな問題となったことを受けて，1986（昭和61）年の改訂では，新たにコンクリート中の塩化物含有量が規定され，部材の種類に応じて$0.6\,\text{kg/m}^3$あるいは$0.3\,\text{kg/m}^3$の値が示された．この値は，見直されながら現在にいたっている．

f）その他施工に関わる項目：コンクリート構造物の耐久性に大きな影響を与えたと想定されているものに，コンクリートポンプによる施工があげられる．コンクリートポンプに関する条文が初めて示方書に示されたのは昭和33年版である．このときの条文には，「コンクリートポンプを用いる場合には，輸送管の配置その他については，責任技術者の指示を受けなければならない」とされている．当時のコンクリートポンプの性能やコンクリートの配合技術を考えると，施工においてトラブルが少なからずあったものと推測される．そのときの示方書には，同時に「単位水量をできるだけ小さくする」ことも規定されているが，実際の施工でこれらの規定が守られたか疑問な点も多く，これらの点も考慮に入れて診断することが重要である．

表Ⅵ.1　土木学会コンクリート標準示方書の変遷

制定・改訂された年	制定・改訂された示方書
1931（昭和6）年制定	鉄筋コンクリート標準示方書
1936（昭和11）年改訂	鉄筋コンクリート標準示方書
1940（昭和15）年改訂	鉄筋コンクリート標準示方書
1943（昭和18）年制定	無筋コンクリート標準示方書
1949（昭和24）年制定	無筋コンクリート標準示方書，鉄筋コンクリート標準示方書，コンクリート道路標準示方書，重力ダムコンクリート標準示方書
1950（昭和25）年改訂	
1955（昭和30）年制定	プレストレストコンクリート設計施工指針
1956（昭和31）年改訂	無筋コンクリート標準示方書，鉄筋コンクリート標準示方書，コンクリート舗装標準示方書，ダムコンクリート標準示方書
1958（昭和33）年改訂	
1961（昭和36）年改訂	プレストレストコンクリート設計施工指針
1967（昭和42）年改訂	無筋コンクリート標準示方書，鉄筋コンクリート標準示方書，コンクリート道路標準示方書，重力ダムコンクリート標準示方書
1974（昭和49）年改訂	コンクリート標準示方書（無筋および鉄筋コンクリート標準示方書，舗装コンクリート標準示方書，ダムコンクリート標準示方書）
1977（昭和52）年改訂	
1978（昭和53）年制定	プレストレストコンクリート標準示方書
1980（昭和55）年改訂	コンクリート標準示方書（無筋および鉄筋コンクリート標準示方書，舗装コンクリート標準示方書，ダムコンクリート標準示方書）
1986（昭和61）年制定	コンクリート標準示方書［設計編，施工編，舗装編，ダム編，規準編］
1991（平成3）年改訂	
1996（平成8）年改訂	
1999（平成11）年改訂	コンクリート標準示方書［施工編］
2001（平成13）年制定	コンクリート標準示方書［維持管理編］
2002（平成14）年改訂	コンクリート標準示方書［構造性能照査編，施工編，舗装編，ダムコンクリート編，耐震性能照査編，規準編］

表Ⅵ.3　JIS R 5308 レディーミクストコンクリートの変遷

制定・改訂された年	制定・改訂の主な内容
1953（昭和28）年	・使用できるセメントとして「ポルトランドセメント」「高炉セメント」「シリカセメント」が規定された。 ・骨材は，購入者の指示するコンクリートの一般標準仕様書（土木では「土木学会　コンクリート標準示方書」）によるものと規定された（この規定は1978年改訂まで続いた）。 ・コンクリートの品質は，購入者が次の二つの基準のいずれかを指定する方式が採用された。「基準第1：購入者がコンクリートの配合設計に責任を持つとき」「基準第2：生産者がコンクリートの配合に責任を持つとき」 ・検査の項目は，コンクリートの配合設計に対する責任の持ち方で異なった．すなわち，「基準第1：スランプ，空気量，コンクリート容積」「基準第2：スランプ，圧縮強度」であり，第1基準では圧縮強度は検査の項目に入らなかった．
1968（昭和43）年	・コンクリートの種別が，A種およびB種となった．「A種：設計基準強度または指定強度とスランプの組合せを，購入者が表の中から選んで指定したコンクリート」「B種：A種以外のもので設計基準強度，スランプおよび粗骨材の最大寸法について購入者が指定したコンクリート」 ・品質検査項目は，強度，スランプ，空気量とされた．
1975（昭和50）年	・SI単位系の導入と併記，および規格票の様式の変更が行われた．
1978（昭和53）年	・コンクリートの種類が，標準品および特注品の2種類に区分された． ・強度とスランプの組合せが実績調査を踏まえて見直された． ・強度を呼び強度に基づく強度区分とし，それまでの設計基準強度に基づく強度区分から改めた．
1985（昭和60）年	・骨材の中に，コンクリート用砕石とコンクリート用高炉スラグ細骨材が追加された． ・混和材料として，コンクリート用膨張材，コンクリート用化学混和剤および鉄筋コンクリート用防錆剤が規格化された． ・舗装用コンクリートの種類に，スランプ6.5 cmのものが追加された． ・骨材を混合使用する場合の取扱いについて規定化された．
1986（昭和61）年	・塩化物量が規定化され，荷卸し時点で満足しなければならない品質として，強度，スランプ，空気量の他に「まだ固まらないコンクリート中の塩化物量の限度」が規定化された． ・塩化物量の検査方法が規定化された． ・アルカリシリカ反応性試験方法として，化学法およびモルタルバー法が規定化され，試験結果に基づく反応性の判定基準が規定化された．また，「レディーミクストコンクリート用骨材」では，アルカリシリカ反応性試験の結果によって無害と判定されるものであることが規定化された． ・アルカリ骨材反応抑制方法が規定化され，骨材の試験によって無害と判定されない骨材について，使用する条件が規定された．
1989（平成元）年	・骨材がアルカリシリカ反応性の有無によって，種類A（無害）と種類B（無害でないもの）に分類され，反応抑制対策を施すことによって種類Bの骨材も種類Aと同様に取り扱ってよいものとされた． ・「呼び強度とスランプの組合せ」「購入者と生産者との協議・指定事項」について見直された． ・流動化コンクリートのベースコンクリートについて関連項目の追加が行われた． ・アルカリ骨材反応試験，同対策の関連項目について見直しが行われた．
1993（平成5）年	・SI単位への変更時期にあたり，強度の単位および数値を，平成7年4月1日からSI単位および数値に切り替えられた． ・レディーミクストコンクリートの区分（標準品および特注品の区分）が廃止され，呼び強度とスランプの組合せに関して見直しが行われた． ・購入者が指定できる項目として「単位水量の上限値」が新たに設けられた． ・寒冷地におけるコンクリートの空気量の上限値に関する規定が削除された． ・普通コンクリートおよび舗装用コンクリートの空気量の基準値4.0%が4.5%に改められた（軽量コンクリートの空気量は変更なし）． ・普通コンクリートおよび舗装用コンクリートにおける空気量の許容差±1.0%が±1.5%に改められた（軽量コンクリートは従来どおり±15%）．
1996（平成8）年	・呼び強度22.5，25.5，35が廃止され，33および36が新設されるなど，コンクリートの種類が改正された． ・高性能AE減水剤が使用できることとなった．
1998（平成10）年	・セメントの種類に，低熱ポルトランドセメントおよび同（低アルカリ型）が追加された． ・銅スラグ骨材およびコンクリート用高炉スラグ微粉末が使用材料として規定化された．
2002（平成14）年	・セメントの種類にエコセメントが追加され，電気炉酸化スラグ骨材，シリカフュームが新材料として追加された． ・レディーミクストコンクリートの種類に，普通コンクリートでは40，42，45 N/mm^{2}が規格に入った．また，50，55，60 N/mm^{2}の高強度コンクリートが追加され，「スランプフロー」と呼び強度によって指定することとなった． ・アルカリ骨材反応への対策として，「①生コンクリート中のアルカリ総量3.0 kg/m^{3}以下，②混合セメントの使用，③無害な骨材の使用」の順番に対策を考えることが示された．

材料に関する規定は，構造物の種類にかかわらず広く適用される規定であるが，設計方法は構造物の種類によって考え方が異なることが多い．例えば，道路橋の場合には「道路橋標準示方書・同解説」（日本道路協会），港湾構造物では「港湾の施設の技術上の基準・同解説」（日本港湾協会）などが規定されており設計の考え方も異なっている．したがって，構造物の診断に当たっては，準拠された規準を参考にすることが重要である．道路橋標準示方書の変遷を表Ⅵ.4に示す．

　コンクリート構造物の診断では「Ⅲ：コンクリート橋編」や「Ⅳ：下部構造編」（道路橋標準示方書）を参照する必要がある．特に2002（平成14）年の改訂では，塩害の影響に対する規定が強化され「かぶりだけでは十分な耐久性が得られない区分」として沖縄や日本海沿岸の海岸部にS区分が設定された．したがって，改訂前の規準で設計・施工された構造物では，環境条件などを確認し耐久性に関する検討が重要であることがわかる．なお，道路橋の規準の変遷に関する詳細は「橋梁技術の変遷―道路保全技術者のために―」（多田宏行著，鹿島出版会，2002）などが参考になる．

表VI.4 道路橋標準示方書の変遷

制定・改訂された年	制定・改訂の主な内容
1939（昭和14）年	・「鋼道路橋設計示方書案」が制定され，国道，府県道および街路における支間 120 m 以下の公共，主として単純桁を対象に設計について規定された．
1956（昭和31）年	・「鋼道路橋設計示方書」が制定され，一級・二級国道，都道府県道および重要な市町村道において，主としてリベットで接合する支間 120 m 以下の鋼橋の設計について規定された．
1964（昭和39）年	・「鋼道路橋設計示方書」が改訂され，適用支間長が 150 m に延長された． ・「鉄筋コンクリート道路橋設計示方書」として初めて制定された．それ以前の鉄筋コンクリート上部工の設計は，土木学会コンクリート標準示方書に基づいて行われていた． ・「道路橋下部構造設計指針 くい基礎の設計編」が制定され，くい設計に関する設計方法が規定された．
1966（昭和41）年	・「道路橋下部構造設計指針 調査および設計一般編」が制定され，調査，荷重，材料の許容応力度が規定された．
1968（昭和43）年	・「道路橋下部構造設計指針 橋台・橋脚の設計編，直接基礎の設計編」が制定された．
1970（昭和45）年	・「道路橋下部構造設計指針 ケーソン基礎の設計編」が制定された．
1971（昭和46）年	・「道路橋耐震設計指針」が制定され，鋼道路橋設計示方書 13 条の考え方に基づき，内容が見直された．
1968（昭和48）年	・「道路橋下部構造設計指針 場所打ちぐいの設計施工指針」が制定された． ・「道路橋示方書 同解説」I：共通編，II：鋼橋編が改訂され，高速自動車道，一般国道，都道府県道および重要な市町村道における支間 200 m 以下の橋に適用された． ・昭和 48 年制定「プレストレストコンクリート道路橋示方書」が制定された．
1976（昭和51）年	・「道路橋下部構造設計指針・同解説 くい基礎の設計編」が改訂された．
1978（昭和53）年	・「道路橋示方書・道解説 III：コンクリート橋編」として，昭和 39 年制定「鉄筋コンクリート道路橋設計示方書」と昭和 48 年制定「プレストレストコンクリート道路橋示方書」が統合された．
1980（昭和55）年	・「道路橋示方書・同解説」I：共通編，II：鋼橋編，IV：下部構造編，V：耐震設計編（この他に昭和 53 年制定のIII：コンクリート橋編）として 5 編から構成される示方書となった． ・荷重条件としてトレーラー荷重（TT-43）が規定された． ・「V：耐震設計編」では震度法と許容応力度法の組合せでの設計法が規定された．
1990（平成 2）年	・「V：耐震設計編」では，震度法の見直しや，保有水平耐力の照査などが規定された． ・「III：コンクリート橋編」では，昭和 61 年 6 月通達「コンクリート中の塩化物総量規制基準（土木構造物）」に基づき，フレッシュコンクリートおよびグラウト中の許容塩化物量が規定された．
1993（平成 5）年	・「道路橋示方書・同解説」I：共通編，II：鋼橋編，III：コンクリート橋編，IV：下部構造編が改訂され，荷重条件「設計自動車荷重が一律 25 t，大型車の交通状況に応じて A 活荷重と B 活荷重に区分」などが見直された．
1996（平成 8）年	・「V：耐震設計編」では，レベル 1・2 地震動に対して検討することなどが規定された． ・「III：コンクリート橋編」では，耐震設計編における規定との調整が図られ，コンクリート橋編から終局荷重作用時における地震の影響に関する項目が削除された．また，プレストレストコンクリート部材に対する許容応力度等に，設計基準強度 600 kgf/cm² のコンクリートの値が追加された．
2002（平成14）年	・「道路橋示方書・同解説」I：共通編，II：鋼橋編，III：コンクリート橋編，IV：下部構造編，V：耐震設計編が改訂された． ・設計上の目標期間が 100 年と設定された． ・仕様規定が求める要求性能を「性能規定」として明示し，現行の仕様規定を「見なし規定」として，両方が併記された． ・「III：コンクリート橋編，IV：下部構造編」では，塩害の影響による最小かぶりが改められ，「かぶりだけでは十分な耐久性が得られない区分」として沖縄や日本海沿岸の海岸部に S 区分が設定された． ・「V：耐震設計編」では，阪神・淡路大震災以降の知見が取り入れられ，耐震性能を照査する体系となった．

VI 各種示方書・仕様書の変遷

3. 示方書等の規準類の問題点

　建設の分野の実務者にとって示方書や仕様書はなくてはならないものになっている．構造物の建設を計画し，設計・施工をする場合，環境の問題，構造上の問題，施工上の問題など非常に多くのことを考慮することが必要となるが，これらの示方書や仕様書は参考になることが多い．一般的には建設技術者はこれらの規準を参考にして実務をこなしているといっても過言ではない．

　しかし，これらの示方書や仕様書の規準類も完全ではない．それはこれらの規準類が制定された時代の技術がベースになっているからである．例えば，現在の土木学会示方書では性能照査型に改正されているが，設計の分野においてもついこの前までは構造物の強度や安全性を合理的に考慮できる限界状態設計法が使用されていた．また，1990年頃までは簡便な計算で対応できる許容応力度法が主流であった．これらのことからも明らかなように構造物の設計方法も時代の要求に対応すべく，より合理的で経済的な構造物が設計できるように，すなわち構造物の安全性や使用性ばかりでなく周辺に住んでいる第三者に対する種々の配慮，維持管理のしやすさなど多くのことを配慮できるように変化していることが理解できよう．

　1995年1月に起きた阪神・淡路大震災では，鉄筋コンクリート造の橋脚が多数倒壊した．その一例を図VI.1および図VI.2に示す．このとき多くの人々はなぜこのように簡単にこれらの構造物が倒壊したのか疑問に思ったであろう．土木技術者である筆者自身も「耐震性を十分考慮しているはずの日本の鉄筋コンクリート構造物がなぜこんなに脆く倒壊したのか？」と疑問に思った次第である．その疑問は土木学会コンクリート委員会の委員長であった岡村 甫教授の説明ですぐに理解できた．

図VI.1 阪神・淡路大震災におけるピルツ橋の倒壊事例（日本コンクリート工学協会（1996）：コンクリート構造物の損傷・劣化事例スライド集，No. 57）

図VI.2 鉄筋コンクリート橋梁のせん断破壊（日本コンクリート工学協会（1996）：コンクリート構造物の損傷・劣化事例スライド集，No.56）

図Ⅵ.3は岡村 甫教授らが計算した結果を示したもので，土木学会のコンクリート標準示方書で推奨されていたコンクリートの許容せん断応力度（有効高さ：3 m，引張鉄筋比：0.5％）が，時代とともにどのように変化してきたかを示している．この図を見ると明らかなように，同じ強度のコンクリート（設計基準強度：18 MPa）であっても許容していたせん断応力度は0.2〜0.9 MPaと大きく変化している．すなわち，戦前では0.7 MPa程度とされていた値が1960年代から1980年まで最も建設が盛んに行われた時期にその値が0.9 MPaまで許容されていた．結果的に鉄筋コンクリート構造物の設計技術者は，橋脚のようなマッシブな構造物に対しては経済性を考慮して鉄筋の分担を減らし，コンクリートの分担力を増大させる設計を採用した．しかし，その後の調査，実験等を考慮し土木学会のコンクリート標準示方書では，その値を0.2 MPa程度まで引き下げたといういきさつがある．このように大きな許容値をフルに利用した1960年代および1970年代の鉄筋コンクリート構造物は今日の考え方では安全率が非常に小さく，今日の安全率を1.2とすれば0.5以下しかないことになる．示方書ではこのように1985年以降の構造物の設計に対しては対策がとられていたが，すでに建設されていた構造物は補強工事などが行われなかった．その結果，ちょうどこの時期に建設された橋脚等に著しい地震の被害が発生したということができよう．その後，構造物の管理者である国，地方公共団体，公団，鉄道各社などは，管理している構造物のチェックを行い，一例として図Ⅵ.4に示すような各種の補強を実施していることは周知のとおりである．

　この例に示したように示方書・仕様書などの規準は，それぞれの時代の技術レベルで製作されているもので万全ではないことが理解できよう．今後も他の原因で同様な事故が発生する可能性があるため，計画・設計・施工する技術者はこれらの規準に頼りきるのではなく，うまく利用することが求められよう．

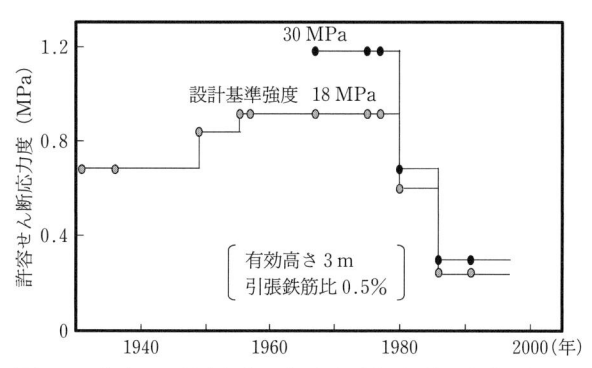

図Ⅵ.3 許容せん断応力度の変遷（岡村・佐伯・金津・鈴木・松本（1996）：コンクリート構造物の耐震設計基準の変遷．阪神・淡路大震災に関する学術講演会論文集，土木学会，1996年1月，p.569）

図Ⅵ.4 橋脚の鋼板巻立てによる耐震補強例

VII　コンクリート構造物の劣化と原因

1. 凍結融解作用によるコンクリートの劣化

　コンクリート構造物はさまざまな原因で劣化するが，なかでも外気温や湿度による劣化は昔から問題となっているものである．このような劣化の代表例は，凍結融解作用による劣化や乾燥収縮によるひび割れ，劣化である．そこで，本節では凍結融解作用によるコンクリートの劣化機構とその対策について説明する．

　コンクリートは見た目では非常に緻密に見えるが，内部には直径 $100\,\mu m$ 以下の空隙（水隙も含む）が多数存在し，その量は体積で約 15～20% である．大半のコンクリートでは時間が経過してもこの空隙が残留し，雨水等がかかればこれらの空隙に水がたまることになる．このコンクリート中の水隙の凍結融解が劣化の原因である．

　冬季や寒冷地では外気温が低いため，コンクリート表面の温度が氷点下以下になると，図VII.1 に示すようにコンクリート中の水が凍結する．当然，コンクリート表面に近い水の方が早く凍結する．この場合，水が氷に変化するとほぼ 1 割の体積膨張が生じるため，凍結水の近傍ではコンクリートに高い引張応力を発生させ，結果的にひび割れを発生させる．日中，日照等により表面温度が上昇するとこの氷が融け，夜間温度が低下するとこの水が再度凍結し，膨張圧により発生したひび割れはさらに進展することになる．このようにコンクリート中の水が凍結融解を繰り返すと，ひび割れが表層から徐々に進展し，コンクリート表面までひび割れが到達すると剥離剥落が発生するため，断面欠損が進行する．

　このような劣化を防止するためには，原因から明らかなように，①凍結する水分の供給を防ぐ，②コンクリートの凍結融解を極力防止する，③凍結融解時の氷の膨張圧力を低減させる等が考えられる．①はコンクリート中に水分が浸透しないように表層処理を施すことが考えられるが，後で述べる AE コンクリートに比べ経費がかかるため，美観等の改善を兼ねたものが使用されることが多い．②は LNG タンクなど極低温（$-100°C$ 以下）で貯蔵する設備や，寒冷地の構造物の北側などが凍結融解によって劣化しないことからも理解できよう．③は打設するコンクリートとして細かい空気泡を連行させた AE コンクリートを使用すれば実施することができる．図VII.2 に示すように水隙が凍結する際に発生する水圧は周辺のエントレインドエアー（連行空気）泡で吸収され，ひび割れの発生を防止することができる．この場合，連行空気泡の径および間隔が重要で，小さな径の空隙が多数ランダムに配置されていることが大切である．なお，注意しなければならないのは，連行した空気量が多いほどコンクリート強度は低下することである．

　凍結融解によるコンクリートの劣化は，建設される場所，環境の影響を受けるため，建設場所が異なるだけで異なった様相を示す可能性がある．道路の高欄やコンクリート製縁石でも日の当たらない側は劣化せず，日の当たる側は劣化するが（図VII.3），これはコンクリートの品質が異なるために生じているわけではない．よく日の当たる側は，夜間凍結し，日中は氷が融解するため毎日凍結融解が繰り返されるが，日陰になる北側では日中，夜間凍結した氷が融解しないため，凍結融解が繰り返されないからである．

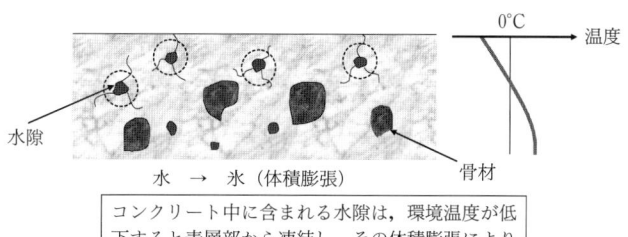

図Ⅶ.1 凍結融解作用によるコンクリートの劣化

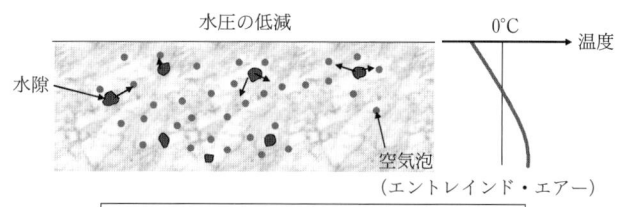

コンクリート中に含まれる水隙は，環境温度が低下すると表層部から凍結し，その体積膨張によりコンクリートにひび割れを発生させる．このひび割れ部に再度水が入りひび割れを増大させる．

図Ⅶ.2 AE剤による凍結融解防止対策

エントレインド・エアーを連行すると水隙凍結時の水圧を吸収できるので，コンクリートにひび割れを発生させない．このためには細かい気泡を密に連行することが大切．

図Ⅶ.3 凍結融解作用による劣化事例（日本コンクリート工学協会（1996）：コンクリート構造物の損傷・劣化事例スライド集，No.22）
日の当たる南側コンクリートの方が劣化は著しい．

VII コンクリート構造物の劣化と原因

2. コンクリート中の鋼材腐食

　コンクリートは引張強度が圧縮強度の1/8～1/10であるため，鉄筋コンクリートやPC構造としての構造部材または構造物として必要な引張力を，鋼材との複合化で対処している．しかしこの鋼材が腐食し，断面欠損等が生じると構造体としての耐荷力に影響を及ぼすことになり，材料の劣化がただちに構造体の耐荷力に大きな影響を及ぼすことになる．このため，コンクリート構造材料の劣化のうち，特に重要なものはコンクリート中の補強鋼材（鉄筋，PC鋼材）の腐食であるということができる．

　一般的にはコンクリート中では鋼材は腐食しない．アルカリ性の高い（pH 12.5程度）コンクリート中では鋼材表面に緻密な不動態被膜が形成され，外から供給される酸素や水分が存在しても腐食しにくい状態になっている．事実，数十年経過した鉄筋コンクリート構造物を調査しても内部の鉄筋が全く腐食していないのが一般的である．しかし，時には内部の鉄筋が著しく腐食している場合が見つかることがあるが，これは次に示す二つの場合に分類することができる．すなわち，①鉄筋位置までコンクリートが中性化している場合，②塩化物イオンがコンクリート中に多量に含まれている場合である．鉄筋等の腐食が生じると補強鋼材の断面減少が生じるばかりでなく，腐食生成物の体積膨張による膨張圧力でコンクリートにひび割れを発生させ，さらに腐食の進行が顕著となる．

　一般的な鉄筋コンクリート構造物では，常に①が生じる可能性がある．すなわち，図VII.4に示すようにコンクリート構造物が大気中にある場合，大気中の炭酸ガスがコンクリート中のアルカリと反応し，徐々に中性化する．コンクリートが中性化すると鉄筋表面の不動態被膜が消滅するため，酸素と水分の存在によって容易に腐食する．

　②に関しては2通りの場合がある．一つは海砂などの海産骨材を使用した場合で，清浄な水で十分な洗浄が行われないと，打設するコンクリート中にかなりの量の塩化物イオンが混入することになる．土木学会「コンクリート標準示方書」では，NaCl換算で0.04％以下，コンクリートの許容最大塩化物含有量として0.30 kg/m³以下であることが要求されているが，未洗浄の骨材を使用すると，この2～10倍の塩化物が混入するおそれがある．大量の塩化物がコンクリート中に混入している構造物も存在するが，このような構造物では脱塩工法等の特別な対策を施す必要があるといえよう．もう一つは図VII.5に示すように，海岸・沿岸構造物のように海から塩化物イオンが供給される場合である．この場合にはコンクリートに供給される塩化物量に限度がなく，通常の方法では対処できない．

　PC構造物の場合，図VII.6に示すようにPC鋼材の腐食は大きな問題である．特にポストテンション方式の場合，鋼材腐食が著しいと報告されている構造物は塩化物ばかりでなく，グラウト不良やコンクリート充填不良も原因の一つになっている．

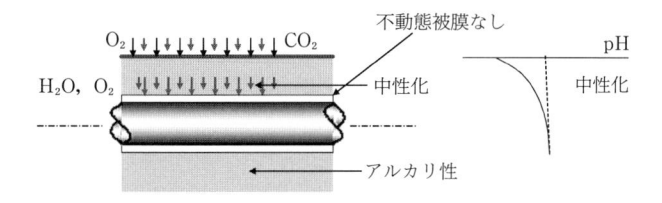

中性化したコンクリートでは不動態被膜が失われ，鋼材は酸素と水が存在すると，腐食しやすくなる．鋼材が腐食すると体積膨張のためコンクリートにひび割れを発生させ，剥離・剥落も生じさせる．

図Ⅶ.4 コンクリート中の鉄筋腐食（中性化）

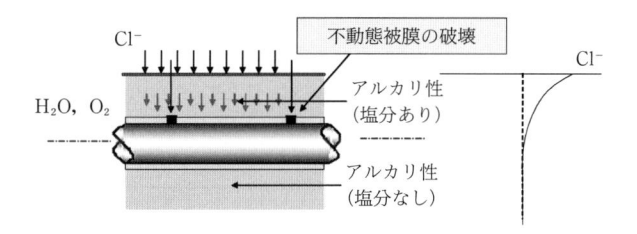

塩化物が浸透するとたとえコンクリートが中性化していなくても，鋼材表面の不動態被膜が破壊され，腐食しやすくなる．

図Ⅶ.5 コンクリート中の鉄筋腐食（塩化物イオン）

図Ⅶ.6 コンクリート中の鋼材腐食によるコンクリートのひび割れ
（日本コンクリート工学協会（1996）：コンクリート構造物の損傷・劣化事例スライド集，No.39）

VII　コンクリート構造物の劣化と原因

3. アルカリ骨材反応

　コンクリートの内部において徐々に進行する劣化の典型は，アルカリ骨材反応である．この反応は，コンクリートの主成分であるセメントから供給されるアルカリと細骨材や粗骨材との反応であり，欧米諸国では以前から問題にされていたが，わが国では1970年代までその劣化は認知されなかった．しかし，1982年に大阪工業大学の二村誠二先生が発表した論文が契機となり，わが国においてもアルカリ骨材反応によるコンクリート構造物の劣化が多数存在することが明らかになった．

　アルカリ骨材反応としては①アルカリ・シリカ反応，②アルカリ・シリケート反応，③アルカリ炭酸塩反応があるといわれていたが，その後の研究で①と③の2種類であることが明らかになった．わが国で報告されている反応はほとんどアルカリ・シリカ反応である．この反応はセメントから供出される水酸化アルカリ（NaOHおよびKOH）を主成分とする水溶液と反応性鉱物を含有する骨材（反応性骨材）が反応して，コンクリートに異常膨張を生じさせ，ひび割れを発生させる．反応性鉱物としては，無定形またはガラス質シリカ鉱物のオパール，クリストバライト，トリジマイト，火山ガラスなどや結晶質でも結晶の小さい微細石英などを含んだ鉱物である．なお，塩化ナトリウムなどを含んだ海砂をコンクリートに混入するとコンクリートのアルカリ性を高めることになる点に注意が必要である．

　図VII.7に示すように，アルカリ・シリカ反応では，化学反応によって生成したアルカリシリカゲルが吸水膨張し，コンクリートの局部的な膨張を生じさせる．局所的な膨張がコンクリートに生じると，コンクリートの内部および外部にひび割れが発生する．拘束が小さい場合には反応性骨材周辺に亀甲状のひび割れが発生するが，拘束力が大きいと拘束直角方向にひび割れが生じる．この様子は図VII.8に示した擁壁でも見ることができる．最初は亀甲状ひび割れであるが，左右の擁壁により拘束されるため，水平方向のひび割れが卓越していることが理解できよう．

　アルカリ骨材反応はコンクリート材料の化学反応であるため，防止するためには使用材料のチェックが最も重要である．効果のある方法としては図VII.9に示すように，反応性骨材の排除やアルカリ量の少ないセメントの使用（低アルカリ型ポルトランドセメント，高炉セメントB種，C種，フライアッシュセメントB種，C種など），混和材料の利用である．反応性骨材の判定方法としては，JISの化学法（図VII.10）およびモルタル・バー法（図VII.11）があるが，化学法およびモルタル・バー法で「無害」と判定された骨材か，化学法で「無害といえない」と判断された場合でもモルタル・バー法で「無害」と判定された骨材しか使用できないことになっている．特に砕石の場合には採取する層ごとに反応性骨材の判定を行うことが大切である．これは採取する層が異なると，たとえ隣り合った地層でも異なった鉱物が含まれる場合があるからである．

　新設構造物にアルカリ骨材反応を起こさせないためには，反応性のない骨材を使用する

```
コンクリート中のアルカリ ＋ 反応性骨材 ⟶ 反応物質

反応物質 ＋ 水 ⟶ 膨張・ひび割れ
```

アルカリ骨材反応はコンクリートに次の症状を発生させる．
○コンクリートの亀甲状ひび割れ
○構造体強度の低下，剛性低下
○耐久性の低下
○透水性への悪影響

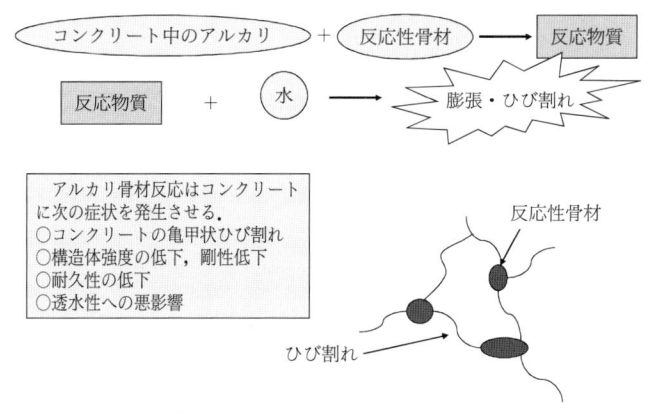

図Ⅶ.7 アルカリ骨材反応の原理

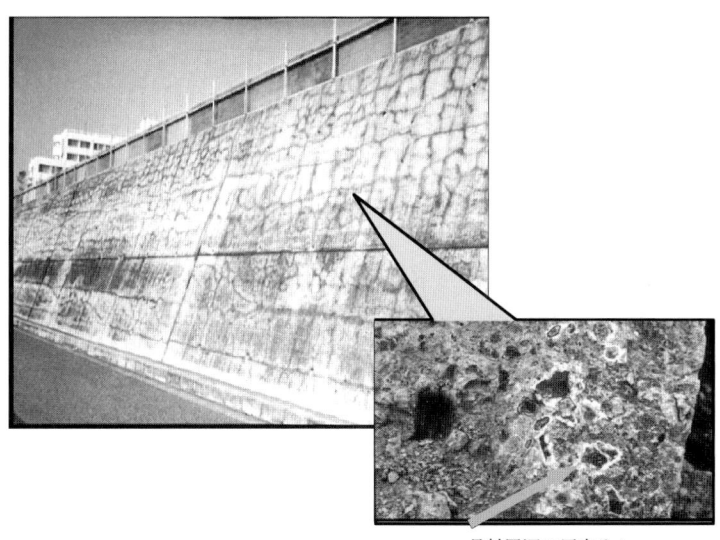

骨材周辺の反応リム

図Ⅶ.8 アルカリ骨材反応によるひび割れの発生した擁壁
（日本コンクリート工学協会（1996）：コンクリート構造物の損傷・劣化事例スライド集，No.6，7）

```
コンクリート中のアルカリ ＋ 反応性骨材 ⟶ 反応物質
         ↑                    ↑
   コンクリート中の         反応性骨材の使用
   アルカリ量低減            を避ける
```

○低アルカリセメントの使用
○混和材料（高炉スラグ，フライアッシュ等）の使用

○化学法
○モルタル・バー法による「無害」判定

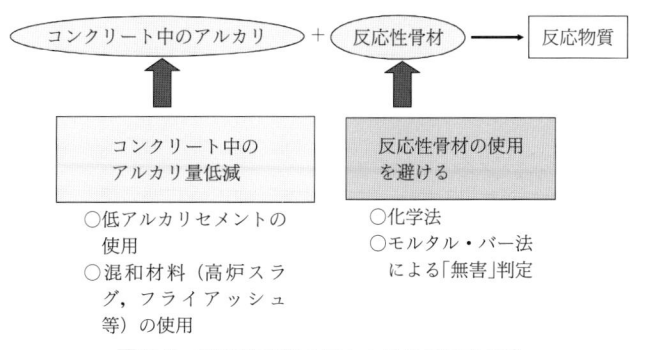

図Ⅶ.9 新設構造物のアルカリ骨材反応対策

Ⅶ．コンクリート構造物の劣化と原因 —— 75

ことであるが，骨材の流通問題等を考慮すると，一般的にはコンクリート中の総アルカリ量を減らす方法を採用する方が現実的である．このため土木学会のコンクリート標準示方書では，コンクリートの総アルカリ量を 3 kg/m³ 以下にするよう規定している．アルカリ骨材反応による劣化事例は，わが国では関東地方や東海地方に比べ近畿から中国・四国地方，上越地方で多いが，これはアルカリ骨材反応に対する関心が低い 1970 年代から 1980 年代に高アルカリセメントと多くの砕石・海砂が使用されたためであると推定される．

既存構造物でアルカリ骨材反応が発生した場合，唯一の対策はまわりから水分が供給されないようにコンクリートを防水することである．これはアルカリ骨材反応が水分を介して進行するためであり，この場合でもすでにコンクリート内に水分が十分ある場合には，簡単には止まらないことに注意が必要である．望ましいのはコンクリートを乾燥させて水分を除去するとともに，新たな水分が供給されないように防御することで，建物の場合には表面化粧等が施されているのである程度対処することができる．しかし，土木構造物のように風雨や水に直接コンクリートが接触する構造物の場合には容易ではない．事実，アルカリ骨材反応の生じた道路や鉄道の橋脚等では防水処理だけでは対処できず，鋼板等による補強も行われている．

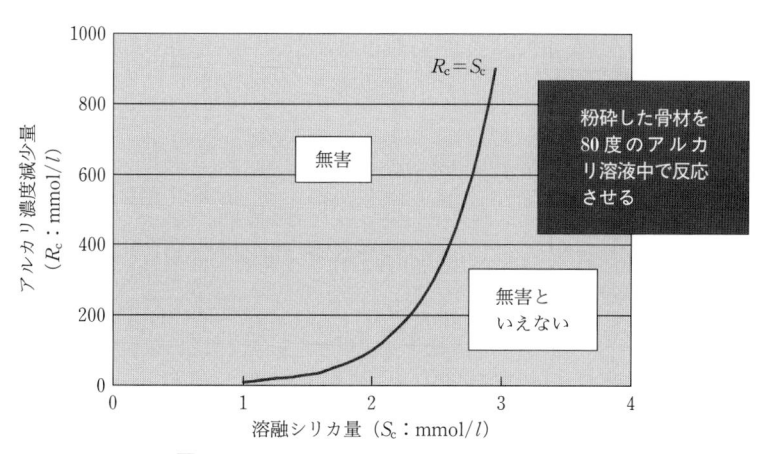

図Ⅶ.10 化学法による反応性骨材の判定方法

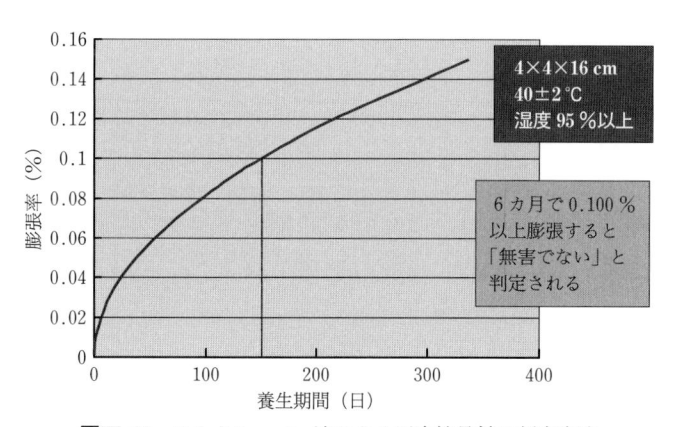

図Ⅶ.11 モルタル・バー法による反応性骨材の判定方法

VII　コンクリート構造物の劣化と原因

4．硫酸等による劣化

　酸によるコンクリートの劣化は，コンクリートがアルカリ性を有していることから昔から問題点としてあげられていたということができよう．コンクリート構造物の劣化を生じさせる原因となるものとしては，酸性雨，温泉水，下水，化学工場での低 pH 排水などがあり，広範囲な地域にまたがるものから，局所的な地域の問題までさまざまある．図 VII.12 は下水処理施設の劣化状況を示した例であり，コンクリートの劣化ばかりでなく，補強鉄筋の腐食や溶解まで引き起こしていることが見てわかる．

　このように著しい劣化を生じさせる酸による劣化については，その詳細なメカニズムは必ずしも十分に明らかにされてはおらず，セメントの主たる反応性生物であるカルシウム・シリカ水和物が外部から供給される酸に侵されて劣化すると考えられてきた．このため，より緻密な組織になるよう水セメント比の小さいコンクリートを使用することで対処しようとしてきた．

　確かに，この劣化の主たる原因は酸によるカルシウム系水和物の分解であるが，どのような機構で劣化するのかを調べると，例えば硫酸による劣化の場合であっても酸性度（pH）によって異なる．図VII.13と図VII.14は異なる水セメント比のモルタルを異なるpHの硫酸溶液に浸漬した場合の外観と侵食速度を示したものである．これらの結果からわかるようにpHが3以上の場合には水セメント比が大きいものほど侵食速度は大きいが，pHが1以下の場合には水セメント比の小さいものほど侵食速度は大きい．特に水セメント比が0.3の場合には著しい断面減少が認められる．しかし，水セメント比0.7の場合には若干の膨張が認められる．

図Ⅶ.12 下水処理施設におけるコンクリート劣化（蔵重 勲（2002）：硫酸によるコンクリート劣化のメカニズムと予測手法，東京大学学位論文）

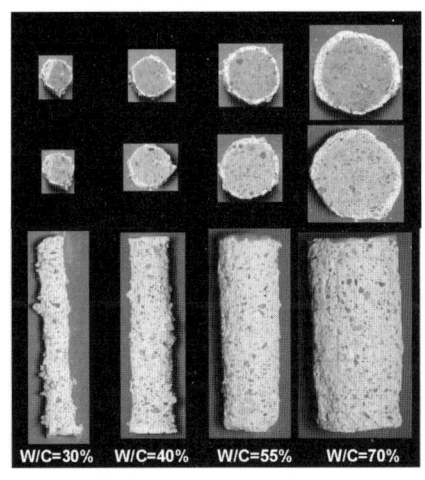

図Ⅶ.13 pH 0.5 硫酸溶液に3カ月浸漬後のモルタル試験体（蔵重 勲（2002）：硫酸によるコンクリート劣化のメカニズムと予測手法，東京大学学位論文）

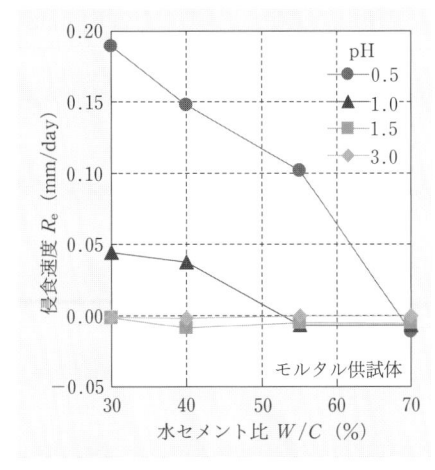

図Ⅶ.14 硫酸に浸漬したモルタルの表面侵食速度と水セメント比（蔵重 勲（2002）：硫酸によるコンクリート劣化のメカニズムと予測手法，東京大学学位論文）

Ⅶ．コンクリート構造物の劣化と原因 —— 79

このような劣化現象を踏まえ，蔵重 勲は図Ⅶ.15に示したようなモデルを構築した．すなわち，硫酸がセメント水和物等と反応すると石膏が生成されるが，これがモルタルの体積膨張を生じさせる．例えば水セメント比0.3のモルタルの場合には，酸と反応するセメント硬化体が多い上にマイクロポアの小さい緻密な構造になっているため，反応の生じた表層部では大きな膨張圧力が生じる．この膨張圧が原因でモルタルには引張応力が発生するが，モルタルの引張強度を超えるため表層から順次剥離・剥落し，結果的に著しい断面減少を生じる．一方，高水セメント比のモルタルの場合には，酸と反応するセメント硬化体が少ない上に内部に多数のマイクロポアが存在し，それほど緻密でないため，反応性生物による体積膨張はまわりの空隙で大半が吸収される．このため，低水セメント比のモルタルに比べ小さな引張強度しかないモルタルであっても大きな膨張圧力が発生せず，剥離・剥落は生じない．しかし，酸の濃度が低い場合には酸とセメント硬化体との反応速度が遅く，単位時間当たりの反応量も少ないため，高水セメント比のモルタルの方が引張強度は低いこともあって，表層からの劣化が進行しやすい．結果的に硫酸による侵食速度を予測すると蔵重によれば表Ⅶ.1となる．

　このようなことからも理解できるように，酸によるコンクリート構造物の劣化は単純ではなく，さまざまな条件によって変化する．現在，さまざまな方法でこの問題に対処しようとしているが，基本的にはコンクリート内部に酸が簡単に浸透しないような方法を講じることが必要である．コンクリート表面にコーティング等を施すことで酸の侵食を防止するという方法は最も簡単に実施できる方法であるが，より望ましい方法としてはコンクリート表面に樹脂を含浸させて浸透を防ぐ方法や，酸の浸透があっても劣化しにくいポリマーコンクリートなどを適用することであろう．

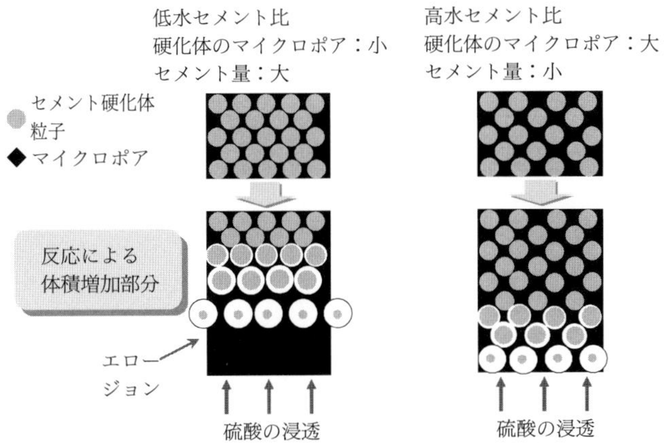

低水セメント比
硬化体のマイクロポア：小
セメント量：大

高水セメント比
硬化体のマイクロポア：大
セメント量：小

● セメント硬化体粒子
◆ マイクロポア

反応による体積増加部分

エロージョン

硫酸の浸透

硫酸の浸透

図Ⅶ.15 硫酸によるコンクリートの侵食モデル（蔵重 勲（2002）：硫酸によるコンクリート劣化のメカニズムと予測主手法，東京大学学位論文）

表Ⅶ.1 硫酸による侵食速度の試算と比較（蔵重 勲（2002）：硫酸によるコンクリート劣化のメカニズムと予測手法，東京大学学位論文）

セメント種類	水セメント比 W/C（%）	硫酸 pH	10年後の侵食深さ（mm）	侵食深さが4cmになるまでの年数
OP	55	1.0	16.4	2.4
		2.0	1.6	24.4
		3.0	0.2	244.3
		4.0	0.0	2442.5
	30	1.0	26.5	1.5
		2.0	2.7	15.1
		3.0	0.3	150.7
		4.0	0.0	1506.9
	40	2.0	2.2	17.9
LH	40	2.0	2.0	20.2
SR	40	2.0	2.1	19.4
FA	40	2.0	1.4	29.6
BS	40	2.0	0.8	47.5

注）OP：普通ポルトランドセメント，LH：低熱ポルトランドセメント，SR：耐硫酸塩ポルトランドセメント，FA：フライアッシュセメント，BS：高炉セメント

VIII コンクリート構造物の診断

1. コンクリート構造物の劣化予測

　コンクリート構造物が劣化する場合，表VIII.1に示すようにその原因のほとんどは構造物の置かれている環境である．なかには反応性骨材や海砂の使用など材料に起因する劣化もあるが，劣化原因の多くはコンクリート構造物に作用する温度，湿度，塩分，炭酸ガスなどである．このため構造物の劣化を予測するためには，どのような劣化因子がどの程度作用するかを知ることが必要になる．表中に施工不良があげられているが，これは劣化ではない．しかし，各種の劣化を著しく進行させる要因になるため，施工不良があると想像以上に早い期間で補修・補強等を施す必要が出てくることに注意しなければならない．また，疲労荷重についても構造物から見れば一つの環境であり，計画・設計の段階で精度の良い予測が行えるか否かで変わってくるということができよう．

　疲労荷重については，設計段階でどのように予想するかで大きな影響を受ける．もし疲労荷重が既知であれば，S-N曲線を利用した推定が可能である．しかし，道路橋のように一定の荷重が作用するわけではない場合にはこの手法は適用できない．

　このような場合の一つの方法として土木学会のコンクリート委員会で提案された耐久設計（$T_p \geqq S_p$，T_p：耐久指数，S_p：環境指数，土木学会：コンクリートライブラリー65，1989による）の利用が考えられる．魚本健人・吉沢　勝らによれば，首都高速道路の建設後補修までの期間のデータを用いて耐久設計を適用すると，次のようなことが可能となる．すなわち，コンクリート構造物の耐久設計の中に環境指数の増加分として考慮する方法である．例えばS_pを環境指数とし，一般的な環境指数をS_0，環境による環境指数増分をΔS_pとすると，S_pは下記のようになる．ただし，S_0はメンテナンスフリー期間10年で0，50年で100としている．

$$S_p = S_0 + \Sigma(\Delta S_p)$$

この式において，魚本・吉沢らは大型車両による環境指数は，

$$\Delta S_p = 6 \times 10^{-6} T_r^2 - 0.0029 T_r$$

ただし，T_r：大型車交通量（台/日・車線）であるとしている．この環境指数増分を図VIII.1に示す．

　この式および図からも明らかなように，1日当たりの大型車交通量は著しい影響を及ぼす．約3100台/日・車線で環境指数は1.5倍，約4300台/日・車線を越えると環境指数は2倍になることが理解できよう．このことを考慮すれば定期的に行った交通量調査結果に基づき，構造物ごとにメンテナンスフリー期間を予測することができる．なお，有料道路のように実際に通過した車両数量がわかる場合にはS-N曲線を利用した予測手法も適用することができ，その精度も高いものと予想される．

　凍結融解によるコンクリートの劣化の進行を予測するためには，コンクリート内部の凍結膨張圧などを逐次計算するよりも，環境によってどの程度の凍結融解作用が起こるかを調べる方が効率的である．

表Ⅷ.1 コンクリート構造物の主な劣化原因と対策

劣化の種類	分類	原　因	対　策
摩　耗	環境	砂等によるすり減り	骨材選定, 配合選定
疲　労	外力	反復荷重の作用	疲労限界以下の応力内
凍結融解	環境	内部水の凍結融解繰り返し	AE剤による空気泡の連行
アルカリ骨材反応	材料	骨材とアルカリの化学反応	反応性骨材の排除, アルカリ量の制限
鋼材腐食（中性化）	環境	炭酸ガスによるコンクリートのアルカリ性の喪失	かぶりの増大, 表面コーティング等
鋼材腐食（塩分）	材料	コンクリート含有塩化物による腐食	海砂の除塩, 材料中の塩分規制
	環境	コンクリート中への塩化物浸透	かぶりの増大, 低 W/C, コーティング, 塗装鉄筋の使用, 電気防食
微生物, 酸等	環境	水和物と酸等の化学反応	かぶりの増大, 低 W/C, コーティング等
硫酸塩	環境	海水等からの塩による膨張等	耐硫酸セメントの使用
高温・火災	環境	水和物組織	表層コンクリートの防護等
ひび割れ（外力等）	外力	荷重等による応力	配筋, 安全係数, 配合
ひび割れ（温度等）	環境	変形の拘束	変形制御
その他 （施工不良）	材料	コンクリート材料および配合不備	コンクリート製造時管理, 運搬管理
	施工	かぶり不足, グラウト充填不足等 充填不良（ジャンカ）, 打継ぎ不良 （コールドジョイント）, 材料分離, 養生不足等	配筋管理, グラウト管理 施工時の打設, 養生管理

注）施工不良は劣化原因ではないが, 著しい劣化を誘発する原因で, 早期劣化を起こす誘因である.

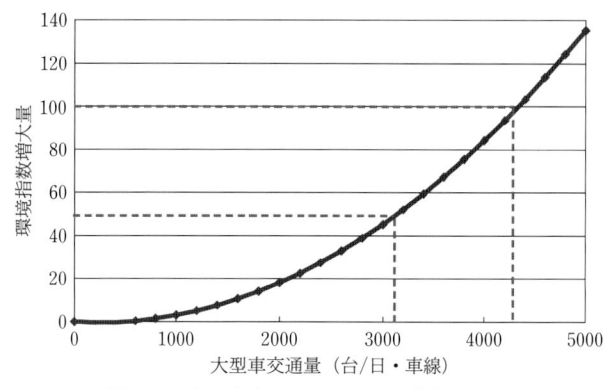

図Ⅷ.1 大型車交通量による環境指数増大量

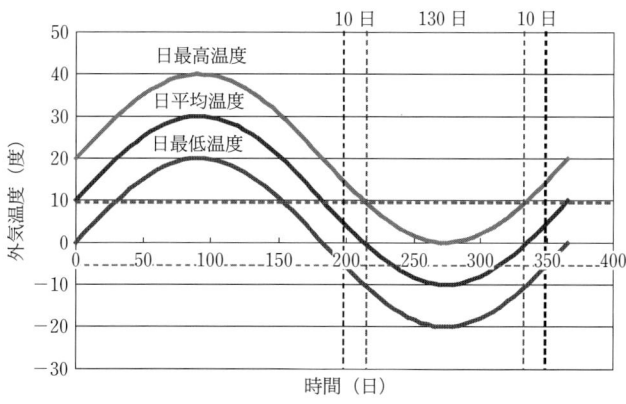

図Ⅷ.2 凍結融解作用を受ける構造物の年間凍結融解数

Ⅷ．コンクリート構造物の診断 —— *83*

図Ⅷ.2に示すように，年間平均気温が10度（±20度の変化）で日温度変化が20度の場合を考える．一般的にはコンクリート表層中の水は-5℃程度で凍結すると考えられ，また，日照条件にもよるが風や積雪が少なく10℃以上で融解すると仮定すると，この図に示した地域では年間約20回の凍結融解作用を受けることになる．コンクリートの品質・配合にもよるが，300回の凍結融解に耐えるものであると仮定すると，建設後約15年は著しい劣化は生じないと予想される．このような考え方は一般的ではないが，わが国のどの地域に構造物を建設するか等を判断する上で有効であり，今後さらに研究が進めば精度よく予測できると考えられる．なお，この図では-5℃以下になる日数は150日間に及ぶが，日中の温度が高くならない130日間は融解せず，劣化には結びつかないと予想される．凍結融解の劣化が進行するのは日変化が大きい地域であるといえよう．

　塩化物イオンによる鉄筋腐食の測定：海洋飛沫など塩化物イオンによる鉄筋腐食の開始時期を予測する場合，コンクリート表面に付着する塩化物量が予測できれば，コンクリート中に塩化物イオンがどのように拡散するかを計算で求めることができる．図Ⅷ.3は塚原絵万らが行ったひび割れを有するコンクリート中への塩化物イオンの浸透状況を実験および解析で求めた結果である．この図からも明らかなように，実験結果と比較して，塩化物イオンがひび割れ中へ浸透している状況が解析でも再現できることが理解できよう．

　この手法を利用すると，さらに内部に埋め込まれた鉄筋の腐食状況を解析で求めることができる．図Ⅷ.4はひび割れを有する鉄筋コンクリート中の鉄筋の腐食状況を解析で求めたもので，アノード部が腐食個所である．内部鉄筋はひび割れ部を中心として局部的にかなり早い時期から腐食が開始されるが，かぶりが小さいと長期間経過後にはひび割れ個所以外から浸透した塩化物イオンの影響で鉄筋全体の腐食が進行する．その結果，ひび割れ部の腐食は相対的に小さくなり全面腐食へと変化する．このような方法を利用することで，コンクリート中の鉄筋の腐食量をある程度推定することができる．なお，腐食生成物の体積膨張によるひび割れがコンクリートに発生すると，腐食速度は著しく速くなることから，一般には鉄筋に沿った腐食ひび割れ発生までの期間を目安とすることが多い．

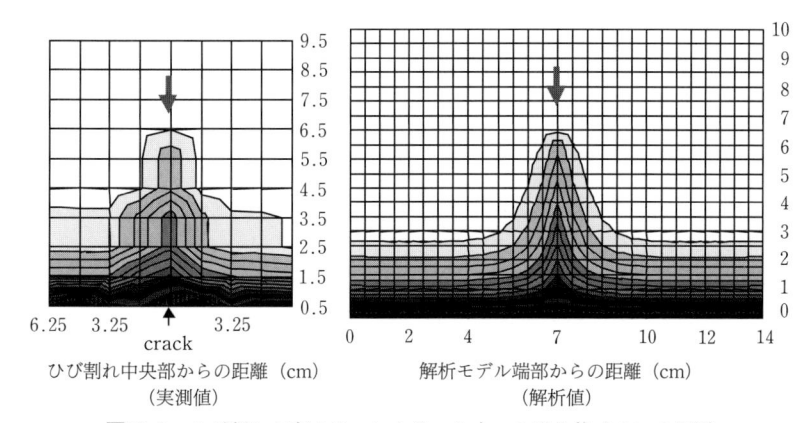

図Ⅷ.3 ひび割れを有するコンクリート中への塩化物イオンの浸透（塚原絵万（2002）：マクロ的アプローチによるひび割れを有するコンクリートの物質移動評価，東京大学学位論文）

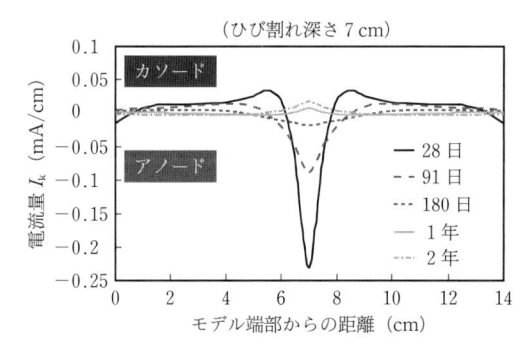

図Ⅷ.4 コンクリート中の鉄筋の腐食電流（塚原絵万（2002）：マクロ的アプローチによるひび割れを有するコンクリートの物質移動評価，東京大学学位論文）

アルカリ骨材反応の防止：アルカリ骨材反応の場合には，どのような骨材が使用されたかを調べる必要がある．図Ⅷ.5 に示す実験値のように促進型と遅延型とではその膨張性状が異なっている（図Ⅷ.6 は解析結果を示す）．

促進型反応骨材の場合，初期の反応は激しく膨張量も大きいが，図Ⅷ.7 に示すようにその後アルカリの消費が進むと反応は早く終了する．このため，コンクリート中に含まれるアルカリ量がどの程度残存しているかを調べるとともに，更なるアルカリの供給が起こりうるかどうかを調べる必要がある．海水や凍結防止剤などに含まれる塩化ナトリウムなどは，それ自身はアルカリではないものの，コンクリート中で Na^+ になる．これは水を含んだコンクリートにとってはアルカリの供給に相当し，アルカリ骨材反応は収束しないと考える必要がある．このような場合には，防止対策として表面保護法などで水，アルカリの供給を防ぐか，乾燥させて反応が生じにくい状況をつくり出す必要がある．しかし，そうでない場合には時間とともに継続的に膨張が起こることを想定して，構造物全体の膨張による応力・変形などを推測することが必要となる．なお，外気温が高いか否かによっても膨張速度は異なることを考慮する必要がある．この場合，コンクリートの膨張を拘束する鉄筋やスターラップの破断等も生じる可能性があるため，構造物の安全性を加味した検討も必要となろう．

一方，遅延型反応骨材の場合，初期の反応は遅いが徐々に反応が継続するため，変状が表面に現れにくい．しかし，図Ⅷ.5 に示した実験結果のように反応開始後の劣化速度は必ずしも遅くはないことに注意が必要である．

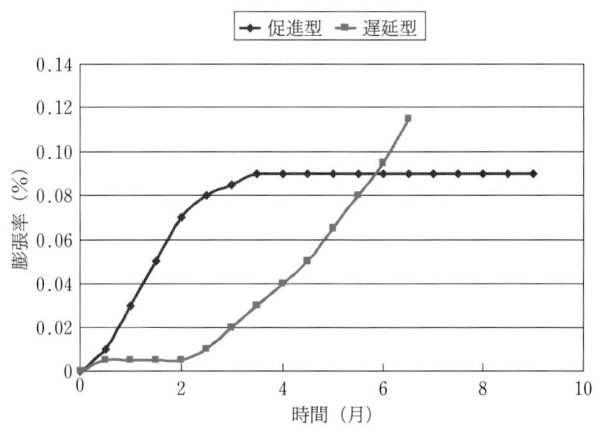

図Ⅷ.5 アルカリ骨材反応によるコンクリートの膨張（実験値）
（古澤靖彦（1993）：アルカリシリカ反応のモデル化に関する研究，東京大学学位論文）

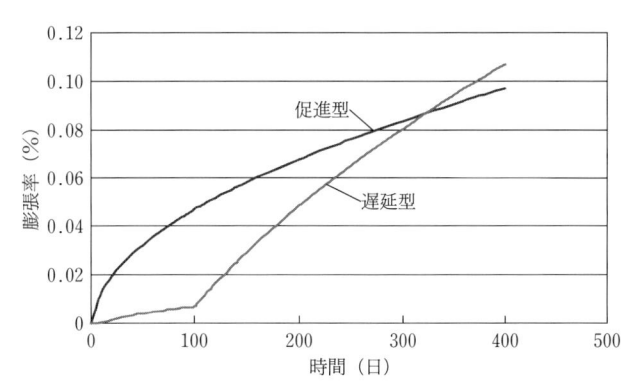

図Ⅷ.6 骨材の膨張量予測（解析値）（古澤靖彦の理論による）

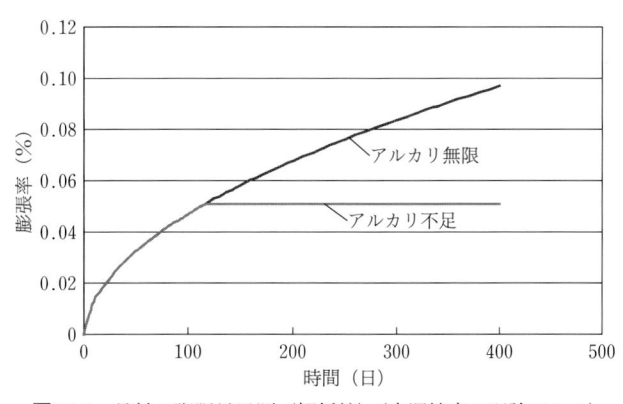

図Ⅷ.7 骨材の膨張量予測（解析値）（古澤靖彦の理論による）

VIII コンクリート構造物の診断

2. コンクリート構造物の劣化診断

　コンクリート構造物の劣化程度を診断することは，技術的にもまた社会的にもなかなか大変である．これは，将来対象とした構造物がどの程度の速度で劣化していくかを予測することは技術的に難しいことと，現在または将来の劣化が著しいと判断された場合には何らかの措置をとることが必要になるからである．措置を講じる場合には，広くは対象としている構造物のライフサイクルを考え，いつどのような対策を講じるかを決める維持管理計画を立てる必要があり，また補修・補強を行う場合には適切な補修・補強方法の選定とライフサイクルコストの比較などを行わなければならないからである．

　構造物には図VIII.8に示すようなさまざまな要求性能があるが，すでに「V.1 現在の維持管理方法」で説明したように現在多くの構造物に採用されている劣化診断方法は，下記の①の方法である．しかし，2001年に土木学会の「コンクリート標準示方書 維持管理編」で示されたように，本来は②の方法を採用する必要がある．

　①定期的に行われる検査の結果を段階的に分類し，それぞれの段階に応じて詳細検査や補修・補強の要否を判断する．

　②土木学会の「コンクリート標準示方書 維持管理編」で記述されているように，検査時の構造物の性能と所定期間（目標使用期間）後の性能を予測し，補修・補強の要否を判定する．

　上記の①はすでに決められている条件と検査結果を照らし合わせ，補修・補強の必要性をほぼ自動的に判断できるように配慮されている．当然，この分類には構造物の安全性，使用性，美観などが考慮されていることが多いが，現場で多くの構造物を管理している技術者が予算を伴う仕事の判断をする場合にはありがたい方法の一つであるといえよう．しかし，予算管理者に「今ただちに行うべきかどうか」を問われると返事に窮することが多く，「なるべく早い時期に…」，「予算の許す範囲で…」補修・補強を行うべきであるといわざるをえない．しかし，第三者に障害を与えるような事故が生じるような場合には，予算管理を行っている部署に対しても強くでることができるため「ただちに対処する」必要性を力説することができる．

　上記②の場合には，図VIII.9に示すように構造物が要求されている多くの要求性能について，現状ばかりでなく将来の予測に基づく評価も行わなければならない．現在と将来の構造物の性能が満足できるものであるか否かを判定するには，次に示すような検討を行うことが必要となる．すなわち，安全係数（重要度）をγ_i，予測される供用期間中の所要性能をA_d，構造物が要求されている所要限界性能をA_{lim}とすると，常に次式を満足しているか否かを調べることになる．

$$\gamma_i \cdot A_d / A_{lim} \leq 1.0$$

　この場合に大切なことは，現在はもちろんのこと，構造物の供用が終了するまでの間この条件を満足することである．このため，コンクリート標準示方書では構造物の劣化原因を

図Ⅷ.8 構造物の要求性能（土木学会編(2001)：2001年制定 コンクリート標準示方書（維持管理編），土木学会，p.7）

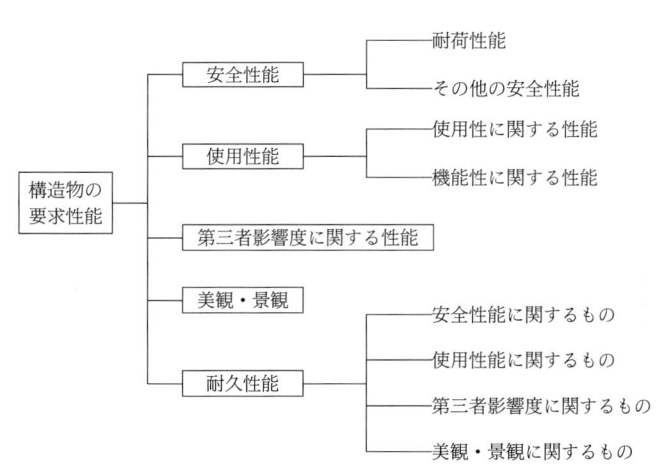

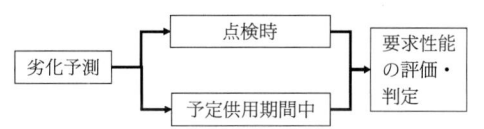

図Ⅷ.9 コンクリート標準示方書（土木学会）で提案している判定方法

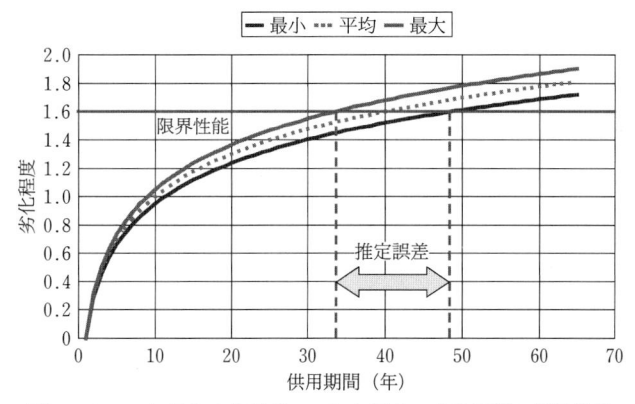

図Ⅷ.10 10年目を劣化程度1とした場合の劣化予測と限界性能

Ⅷ．コンクリート構造物の診断 —— 89

特定し，それぞれの劣化原因ごとに供用期間中の性能を予測し，所要の性能が確保されているか否かを調べる方法が採用されている．

しかし，特に将来の予測については，自動車や列車による疲労荷重が原因となる劣化のように，ある程度定量的かつ客観的に精度良く行える場合にはよいが，どのような場合にもこのような方法が採用できるわけではない．すなわち，現在まで提案されている各種理論による推定値には幅があり，例えば図VIII.10 に示すように限界性能に到達する期間はこの後 30 年から 50 年の間であるというような推定しかできないのが現状である．一般に，各種劣化の速度は一定ではなく暴露期間の関数になり，長期になるほど速度は遅くなる．このため長期期間後の推定では誤差が大きくなりやすいということができる．

このような状況を考慮し，コンクリート標準示方書では図VIII.11 に示すようなグレーディング方法も提案している．この方法は，表VIII.2 に示すように劣化原因別にどのような状況が生じていくかを考慮する方法である．この方法は検査時の評価に対してはかなり有効であるが，将来の予測に対しては劣化速度を想定しなければならず，技術的にもなかなか難しいといえよう．

現在，各種構造物の劣化に関するデータが公にされにくい状況にあるが，今後，構造物の維持管理者による劣化データの開示がもっと行われるようになれば，グレーディング方法であっても，理論的な推定であっても精度が現在より高くなるものと考えられる．しかし，図VIII.12 に示したように，同じコンクリート中にある鉄筋でもコンクリートの配合やかぶりばかりでなく，環境温度によっても著しく腐食速度は異なるため，実構造物のデータでも地域等によって異なった傾向を示す可能性がある．

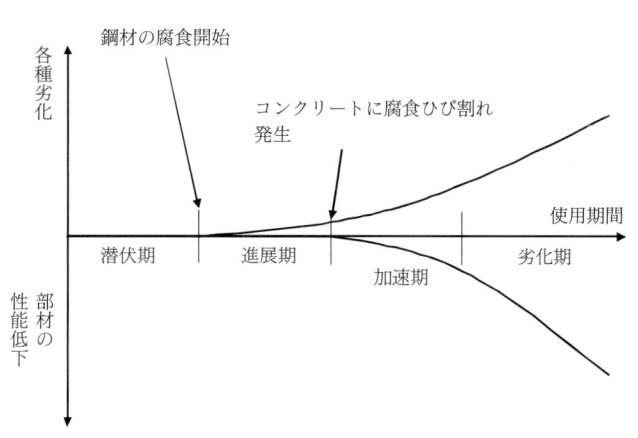

図Ⅷ.11 グレーディングによる判定方法（土木学会編（2001）：2001年制定 コンクリート標準示方書（維持管理編），土木学会，より作成）

表Ⅷ.2 塩害によるコンクリート中の鉄筋腐食に伴う劣化グレード（土木学会編（2001）：2001年制定 コンクリート標準示方書（維持管理編），土木学会，p.108）

構造物の外観上のグレード	劣化の状態
状態Ⅰ-1 潜伏期	外観上の変状が見られない，腐食発生限界塩化物イオン濃度以下
状態Ⅰ-2 進展期	外観上の変状が見られない，腐食発生限界塩化物イオン濃度以上，腐食が開始
状態Ⅱ-1 加速期前期	腐食ひび割れが発生，錆汁が見られる
状態Ⅱ-2 加速期後期	腐食ひび割れが多数発生，錆汁が見られる，部分的な剥離・剥落が見られる，腐食量の増大
状態Ⅲ 劣化期	腐食ひび割れが多数発生，ひび割れ幅が大きい，錆汁が見られる，剥離・剥落が見られる，変位・たわみが大きい

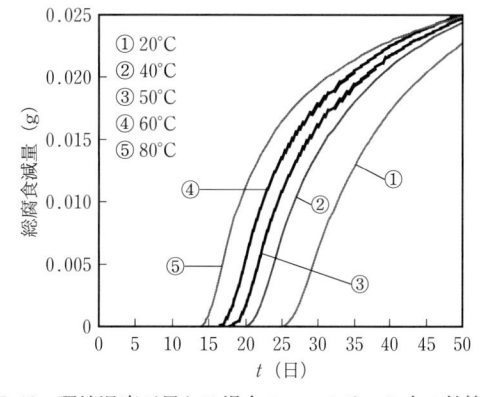

図Ⅷ.12 環境温度が異なる場合のコンクリート中の鉄筋腐食（塚原絵万（2002）：マクロ的アプローチによるひび割れを有するコンクリートの物質移動評価，東京大学学位論文）

IX　コンクリート構造物の補修と補強

1. 劣化診断後の措置

　劣化診断の結果，このままでは供用期間前に要求性能を満足しなくなることが明らかになった場合には，何らかの対策をとることが求められる．この場合，構造物のライフサイクルを考慮して，次に示すいずれかの方法を採用することが必要となる．
　① 構造物を補修する（修景なども含む）．
　② 構造物を補強する．
　③ 構造物を解体・撤去し，新設する．
　図IX.1および表IX.1はこれらの手法を説明したものである．これらの図表から明らかなように，構造物の劣化があまり進行していない場合には，建設時の性能またはその近傍間で修復させることが可能である．しかし，社会のニーズの変化や劣化が著しく進行している場合には補修だけでは対処できない場合もあり，補強または解体・撤去して新規構造物を建設することも考えられる．コンクリート標準示方書では，耐久性能，第三者影響度に関する性能，修景の場合には補修が考えられるが，安全性能や使用性能では補修ではなく補強までを考慮に入れるべきであることが示されている．
　このいずれを採用するかは判断に迷うところではある．特に，大がかりな補修・補強が必要となると，コストの面から考えても新設とあまり違いが生じないこともありうる．「V.5　補修方法」でも述べたように，補修を施してもその後の劣化が止まらずに何回も補修を繰り返すことが必要になるとかえって高いものになる可能性もある．このような状況を打開するためには，ライフサイクルコストの算定が重要である．
　コンクリート構造物のライフサイクルコストを算定する場合，構造物の劣化程度，設置環境，劣化外力の大きさなどの他に，どのような補修工法や補強工法を採用するかによっても大きく変化する．最も一般的に行われている断面修復・表面処理工法の場合であっても，足場代を除いて平米当たりの単価は数千円から数万円とかなりの違いがあること，その耐用年数も異なっていることはすでにV.5節で記述した．これらのことをきちんと考慮した試算が必要となるが，現在のその精度はまだ十分とはいえない．
　図IX.2はその概念図を示したものである．一般的には構造物が建設された後，① 日々の維持管理を行うための維持管理費用，② 必要に応じ，部分的な断面修復や表面処理にかかる補修費用，③ 安全性や使用性を考慮した補強費用，④ 解体・撤去と新規建設の費用が必要になる．ただし，部分的な補修の場合には単発的な費用が発生するだけで，図中に示したような連続的な補修費の支出はない．しかし，電気防食などの方法が採用された場合には連続的な補修費が必要になる．なお，ここに示した例は，橋梁上部工のように容易に補修・補強が行える構造物の場合である．橋梁下部構造のような場合には，検査等も行いにくく，補修・補強も実施しにくいため，解体・撤去することも視野に入れて判断することが多い．

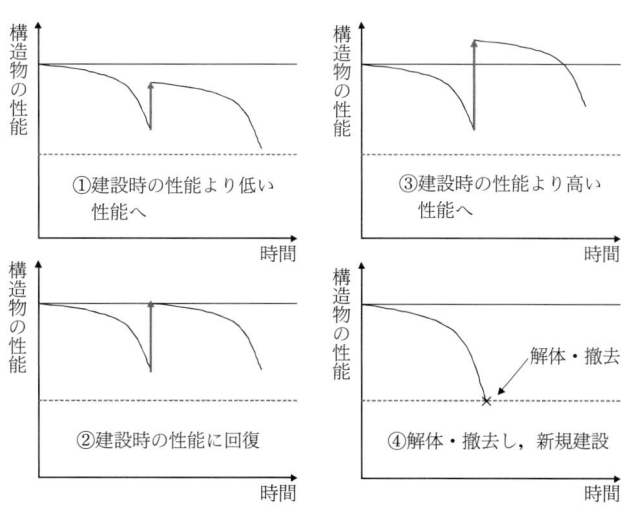

図Ⅸ.1 構造物の性能と対策

① 建設時の性能より低い性能へ
② 建設時の性能に回復
③ 建設時の性能より高い性能へ
④ 解体・撤去し，新規建設

表Ⅸ.1 性能を満足しない構造物の対策の目標水準（土木学会編（2001）：2001年制定 コンクリート標準示方書（維持管理編），土木学会，p.68）

構造物の基本性能	対策の目標水準		
	建設時と現状の中間性能	建設時の性能	建設時よりも高い性能
耐久性能	補修	補修・補強	補修・補強
安全性能		補強	補強
使用性能		使用性回復・補強	機能性向上・補強
第三者影響度に関する性能	補修	補修	
美観・景観		修景	修景

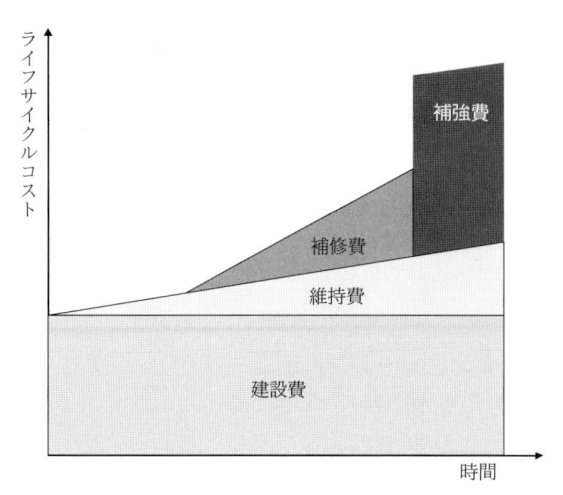

図Ⅸ.2 一般的なコンクリート構造物のライフサイクルコストと使用期間の関係

Ⅸ．コンクリート構造物の補修と補強

IX コンクリート構造物の補修と補強

2. 補修工法の選定と問題点

　現在行われている補修工法にはさまざまなものがある．大きく分類すると図IX.3に示すように①物理的手法と②電気化学的手法に分けられる．

　上記の①は，従来最も多く使用されているもので，「V.5　補修方法」に示したように「ひび割れ注入工法」，「断面修復工法」および「表面処理工法」からなっている．ひび割れ注入剤としてはエポキシ樹脂が多く，断面修復材としては一般のセメントモルタルかポリマーセメントモルタルが多い．表面処理剤としてはさまざまなものが使用されており，一般的にはパテまたはプライマーの上に下塗材としてエポキシ樹脂が，中塗材および上塗材として種々の塗料が用いられている．その例を表IX.2に示す．

　上記の②は，わが国では近年用いられるようになってきたが，なかでも厳しい海洋環境下に設置された桟橋などに使用されている電気防食，除塩が不足している海砂を使用したコンクリート構造物からの脱塩工法が多く使用されている．なお，再アルカリ化工法は電気化学的な方法以外も使用されており，建物の場合には，アルカリ溶液を直接コンクリート表面に塗布する方法が多く使用されている．いずれの場合もコンクリート中にある期間電流を流して所要の目的を達成する方法が採用されているが，電気防食の場合には常時一定の電流を流すことが必要で，そのための維持費用は考慮しなければならない．しかし，脱塩工法や再アルカリ化工法では短期間の通電でよく，維持費に多くを必要としないことが利点である．土木学会の「コンクリート・ライブラリー」によれば電気化学的な脱塩工法は，図IX.4に示すような著しい効果があるとされている．

　補修を行うことが決定された場合には，これらの多数の補修工法の中から最も適切なものを選定することが必要となる．しかし，それぞれの方法には利点・欠点があり，その判定は容易でない．一例として表面処理工法の問題点を以下に記す．

　断面修復工法と表面処理工法の併用は最も一般的な方法である．図IX.5に示すように，一般的には断面修復工法だけではほとんど防食効果は期待できないが，両者を併用すると著しい防食効果がある．しかし，V.5節でも述べたように，その組合せ方法によっては必ずしも効果が現れない場合がある．その結果として図IX.6に示すように，補修個所の再劣化が生じることがある．

　このような再劣化が発生する原因としては種々のものが考えられるが，塩分環境下に設けられた構造物の場合を例にとると，次のような原因が予想される．

　①補修部背面のコンクリート中の塩化物が十分除去できていないため，コンクリート表面からの塩分供給ばかりでなく，背面コンクリートからも塩化物イオンが断面修復材に再浸透し，鉄筋周辺の塩化物量が過大になる（図IX.7）．
　②部分補修の場合，断面修復材を打設した個所とコンクリート部との間に塩分濃度の違いが発生するため，マクロ腐食が発生し腐食が進行する．
　③延び性の少ない表面処理材の場合，コンクリートに発生したひび割れの拡大などが

図Ⅸ.3 補修工法の分類

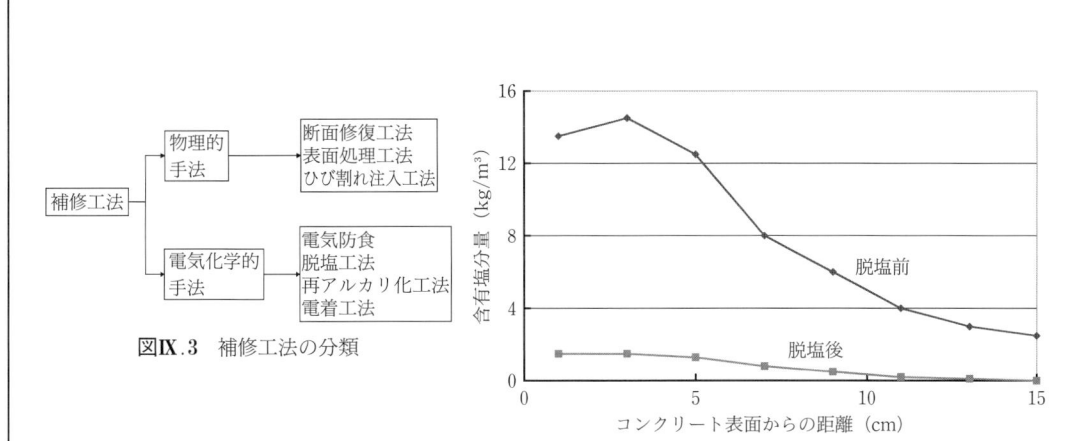

図Ⅸ.4 脱塩工法によるコンクリート内部からの塩分除去（土木学会編（2004）：コンクリート・ライブラリー107 電気化学的防食工法設計施工指針（案），土木学会，p.141，142，をもとに作成）

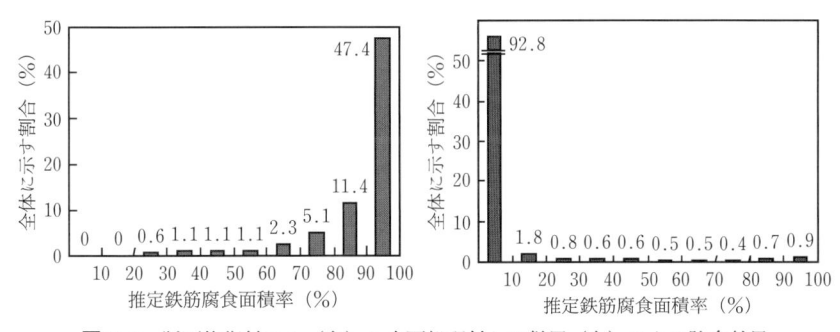

図Ⅸ.5 断面修復材のみ（左）と表面処理材との併用（右）による防食効果（飯塚康弘・西村次男・魚本健人（2000）：コンクリート用表面コーティング材料のひび割れ追従性に関する研究，土木学会年次大会論文報告集，v-404，810-811）

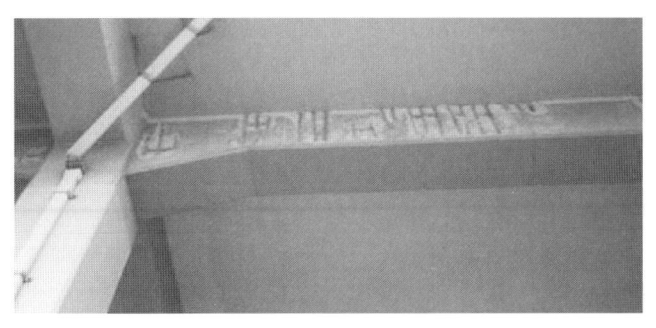

図Ⅸ.6 表面処理工法による補修後の再劣化

原因となり，すぐに塗膜の損傷が発生する．このため塗膜の亀裂部から塩分の浸透が生じ，局所的ではあるものの鉄筋周辺の塩化物量が過大になる．

　上記の原因のうち，どれが最も大きな影響を及ぼしているかはまだ不明である．今後の研究に期待するところであるが，③についてはすでに図IX.8および図IX.9に示したような実験結果が得られている（図中の印の違いは材料の違いを示している）．図に示すように，同じ疲労荷重を受ける条件であっても塗膜の品質と厚さが重要な役割を果たしている．すなわち，静的試験での追従ひび割れ幅の大きな材料および塗膜厚さを選定すれば，コンクリートのひび割れに伴う塗膜の損傷を防止することができる．

表IX.2　表面処理工法に用いられている塗膜の例（飯塚康弘・西村次男・魚本健人（2001）：報告 ひび割れを有するコンクリートに塗布した表面保護材料の100万回及び1000万回疲労実験，コンクリート工学年次論文集，**23**(1)：427-432）

試験体 No.	工　程				総膜厚 (μm)	ひび割れ追従性 (標準養生後・mm)
		下塗材	中塗材	上塗材		
1	プライマー	エポキシ	アクリルゴム系防水材	アクリルウレタン	1135	4.60
	パテ	アクリルゴムエマルジョン				
2	プライマー	エポキシ	ポリブタジエン樹脂	弾性フッ素	1345	3.50
	パテ	エポキシ				
3	プライマー	エポキシ	アクリルゴム	溶剤系フッ素樹脂系 水性エポキシ樹脂系	985	3.20
	パテ	アクリルゴム				
4	プライマー	エポキシ	柔軟型エポキシ	フッ素樹脂	350	0.91
	パテ	エポキシ				
5	プライマー	エマルジョン樹脂系	柔軟型エポキシ	柔軟型フッ素樹脂	950	2.60
		柔軟系ポリマーセメント				
6	プライマー	クロロプレンゴム系	クロロスルフォン化ポリエチレン系	クロロスルフォン化ポリエチレン系	—	2.40
	パテ					
7	プライマー	エポキシ	柔軟型エポキシ	柔軟型フッ素	595	2.00
	パテ	エポキシ				
8	プライマー	エポキシ	エポキシ	フッ素	185	2.06
	パテ	エポキシ				
9	プライマー	エポキシ	エポキシ	フッ素	505	3.90
	パテ	エポキシ				
10	プライマー	エポキシ	ウレタン	ウレタン	350	1.80
	パテ	エポキシ				
11	プライマー	エポキシ	柔軟型エポキシ	柔軟型フッ素樹脂	330	1.80
	パテ	エポキシ				
12	プライマー	無し	アクリル系PCP	柔軟型ポリウレタン系樹脂	1171	1.38
	パテ	アクリル系PCP				
13	プライマー	エポキシ	柔軟型エポキシ	柔軟型フッ素	270	1.01
	パテ	エポキシ				
14	プライマー	エポキシ	弾性型PCM	弾性アクリル	—	1.00
	パテ	無し				
15	プライマー	エポキシ	柔軟型エポキシ	柔軟型フッ素	690	0.85
	パテ	エポキシ				

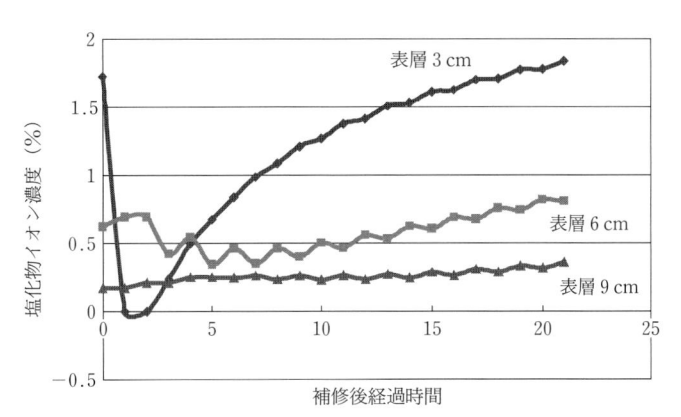

図IX.7 同じコンクリートで断面修復した後の塩化物イオン濃度（計算値）

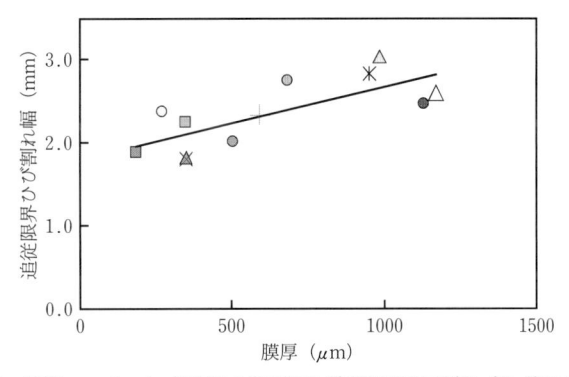

図IX.8 表面コーティング材料の塗膜圧と追従限界ひび割れ幅（飯塚康弘・西村次男・魚本健人（2000）：コンクリート用表面コーティング材料のひび割れ追従性に関する研究，土木学会年次大会論文報告集，v-404，810-811）

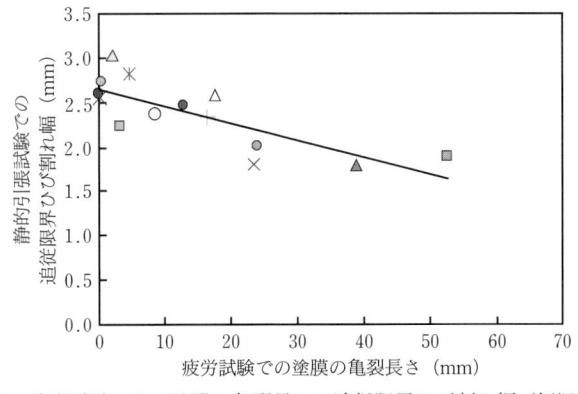

図IX.9 疲労試験による塗膜の亀裂長さと追従限界ひび割れ幅（飯塚康弘・西村次男・魚本健人（2001）：報告 ひび割れを有するコンクリートに塗布した表面保護材料の100万回及び1000万回疲労実験，コンクリート工学年次論文集，**23**(1)：427-432）

IX コンクリート構造物の補修と補強

3. 補強工法の選定と問題点

　コンクリート構造物の補強は，図IX.10に示すように検査時または使用期間内において構造物の要求性能を満足しなくなることが予想される場合に行われるもので，特に安全性や使用性が損なわれる場合に適用されることが多い．すなわち，補修は耐久性や第三者影響度，美観などを改善するために行われるが，補強は構造物の強度・変形に起因する劣化を対象にすることが多い．なお，社会のニーズに合わせて重量車両の通行を容易にするための補強や耐震性向上のための補強も含まれる．
　補強にあたっては，構造物がその使用目的に適合し安全で耐久的であるとともに，補強工事の施工性や補強後の維持管理の容易さを考慮し，かつ総合的にみて経済的であり，環境によく適合するように設計・施工することが基本である．
　補強設計・施工の手順を示すと以下のとおりである．
　①補強の対象とする既設構造物に要求される性能を明確にして全体計画を立案する．
　②既設構造物の検査結果から構造物の有する性能を評価し，要求性能を満足しているかどうかを照査する．
　③要求性能を満足しないことが明らかとなり，かつ補強することによって継続使用する場合，補強設計を行う．
　④適用する補強工法を選択し，使用材料，構造諸元，施工方法を設定する．
　⑤補強後の構造物の性能を評価し，要求性能を満足するかどうかを照査する．
　⑥選択した補強工法，施工方法により要求性能を満足する補強構造物が実現可能と判断された場合，補強工事を実施する．
　補強工法は構造物の形式等によってさまざまな方法があるが，橋梁の一般的な補強工法は図IX.11に示すように分類されている．この図からも明らかなように，圧縮強度を増大させる方法としては主に増厚工法（図IX.12）が，主に引張強度を増大させる方法としては，鋼板/FRP接着工法（図IX.13）や外ケーブル工法が（図IX.14，IX.15），主にせん断強度を増大させる方法としては，コンクリート巻立て工法（図IX.16）や鋼板/FRP巻立て工法などが使用されている．縦桁増設工法や支持工法は応力ばかりでなく，変形の増大を防止する目的で使用されている．なお，打換え工法は部材の交換であるため，耐久性なども考慮した対策の一つであるが，既存構造部材がプレキャスト部材である場合に限られることが多い．そうでない場合には，新設工事に近いものとなる．
　これらの補強工法を適用する場合，問題点の一つとして多くの古い構造物では設計図面や図書が残されていなかったり，または判読不明なことがあげられる．このため非破壊検査等で詳細調査を行うこともあるが，大型構造物では内部の配筋状態などを調べることができないことも多い．運良く設計図面が残されている場合でも，その後の補修・改修工事等で変更されている場合もある．このような構造物を補強するにはかなりの技術を要する．一つの方法としては，建設当時の設計・施工方法を考慮して再設計し，おおよその配

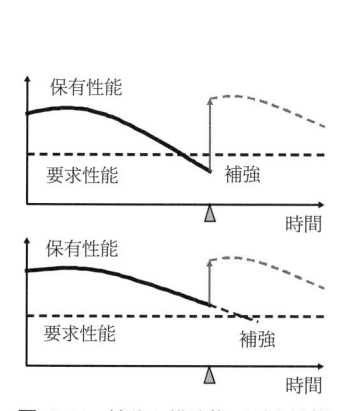

図Ⅸ.10　補強と構造物の要求性能

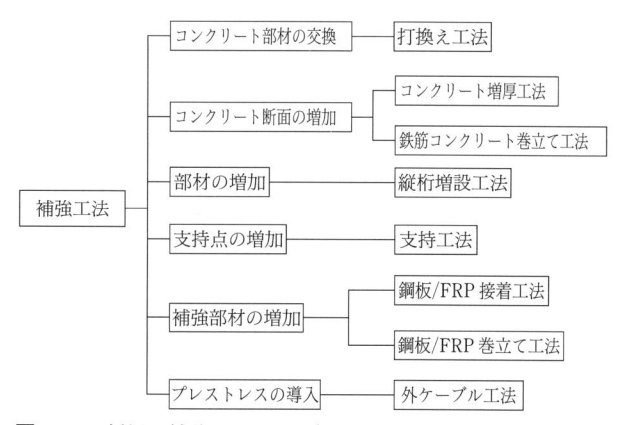

図Ⅸ.11　橋梁の補強工法の分類例（土木学会編（1999）：コンクリート・ライブラリー 95 コンクリート構造物の補強指針（案），土木学会，p.4）

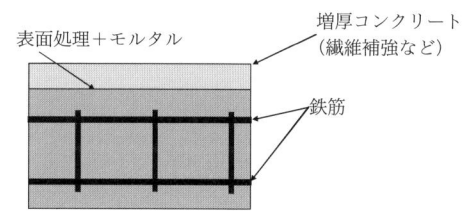

図Ⅸ.12　コンクリート床版の増厚工法の概念図

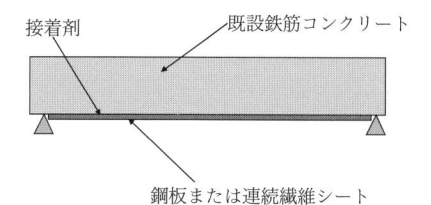

図Ⅸ.13　鋼板またはFRP接着工法概念図

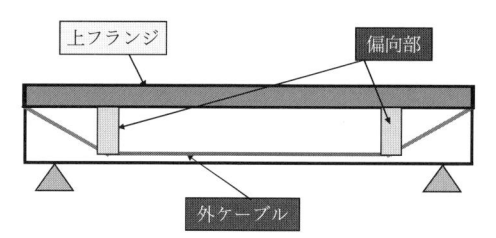

図Ⅸ.14　外ケーブルによるT桁橋梁の補強

筋状態などを推定する方法があげられる．しかし，安全率を大きくとらざるをえず，必ずしも経済的なものとならないことも起こるため，これらのデータ，資料を継続的に保管するためのシステムの完備が必要である（コンピューターは年々改良されていくため，ソフトも含め，機器の変化やソフトの変化に対応してこれから何年後でも使用できるようなシステムを構築する必要がある）．

　配筋状態などが図面などで残されている場合にも，必ずしも図面どおりの配筋になっていないことも多い．また，実際の構造物の場合には鉄筋間距離がほとんどない個所も多く，注意してもドリルが鉄筋に当たってしまうことが多い．このため，施工時に誤って主鉄筋を切断してしまうなどの事故も生じやすい．図IX.17に示すように2003年にマスコミで問題となった，耐震補強のためのアンカーボルト切断事故などはその一つの例であるが，このようなことのないように施工時の対処方法などを事前に十分検討しておくことが必要である．

　補強工事完了後は，たわみの計測，振動計測などを行うことで，その効果を確認することが必要である．一般的に，補強は既設のコンクリートとの一体性が確保されることを前提として設計されている場合が多く，その条件を満足しているか否かは重要である．また，図面や検査結果から求めたコンクリートの強度，弾性係数，配筋など補強設計時に推定した条件が正しかったか否かも確認することが大切である．

図Ⅸ.15 外ケーブルによるT桁橋梁の補強例

図Ⅸ.16 橋脚へのコンクリート巻立て工法の適用例

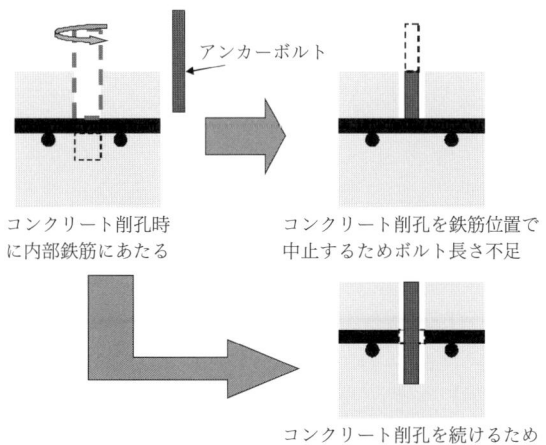

コンクリート削孔時に内部鉄筋にあたる

コンクリート削孔を鉄筋位置で中止するためボルト長さ不足

コンクリート削孔を続けるため内部鉄筋を切断してしまう

図Ⅸ.17 アンカーボルト施工時の鉄筋切断の例

X これからのコンクリート構造物の維持管理

1. 維持管理技術者の育成

　今まで述べたことからも明らかなように，21世紀のわが国では今までのような大量の建設・設備投資は期待できないので，劣化した既存構造物を撤去して新規構造物を次々に建設する可能性は少ない．このため，これからの構造物のメンテナンスは次のことを考慮する必要がある．

　① 新規構造物はもとより，既存構造物の場合もその使用を中止せずにより長期間（例えば建設後100年以上）使用できるようにメンテナンスしなくてはならない．

　② メンテナンスに要する多数の維持管理技術者の養成が急務であるが，少子高齢化の時代（図X.1）を考えると，少数の技術者でも対応可能な効率の良い機械化・システム化も必要となる．

　③ 公共投資などの予算が限られていることから，構造物のメンテナンスが重要であることを認識してもらうように社会に働きかけるとともに，環境，安全性，経済性を重視した維持管理に関する研究・開発が急務である．

　これらの問題はいずれも一朝一夕には解決できないが，①に関してはメンテナンスのための計画，設計，施工技術の完備が重要である．今までにもすでに種々の研究等が実施されているが，土木学会が2001年に刊行した「コンクリート標準示方書 維持管理編」に見られるような構造物のメンテナンス方法も一つの方法であろう．②に関しては，高等専門学校，大学などにおける教育の一環に「コンクリート構造物の維持管理」を取り入れることが必要である．また，社会で働いている技術者に対しても種々の方法で教育・訓練することが急務である．なお，図X.2に示すように維持管理業務の中で機械化・システム化の図れるものについては早急に進め，効率の良いデータの収集・整理と，より少ない技術者で実施可能な設計・施工技術を開発することが重要である．③に関しては，あらゆる機会をとらえて世の中に維持管理の重要性を訴えるとともに，維持管理に関する開発・研究を大学，研究所，学協会，企業等で積極的に行うことが第一歩であろう．

　維持管理技術者は，検査，診断，措置をマスターしていることが必要である．なかでも「コンクリートの診断」は最も重要な業務になる．「診断」という言葉は広辞苑によると「医師が患者を診察して病状を判断すること．転じて，物事の欠陥の有無を調べて判断すること．」と記述されている．すなわち，上記の維持管理システムの中で「コンクリートの各種検査に基づき欠陥の有無を調べて，どうするべきかを判断する」ことは「コンクリートを診断する」ことと等しい．この判断はかなり重要で，医師の場合と同様に，検査の方法やその限界を熟知し，構造物の有している欠陥・劣化状況などを勘案して決めることになるが，この判断が誤っているとさらなる劣化を引き起こし，「第三者障害」や「事故」を起こすことになる．しかし，コンクリートの診断を行う技術者は，「医師」とは異なり従来特別な資格を有しているとはみなされず，各検査員がそれぞれの機関が有しているマニュアル（「V.1 現在の維持管理方法」で示した例のように主に目視検査の結果で判断

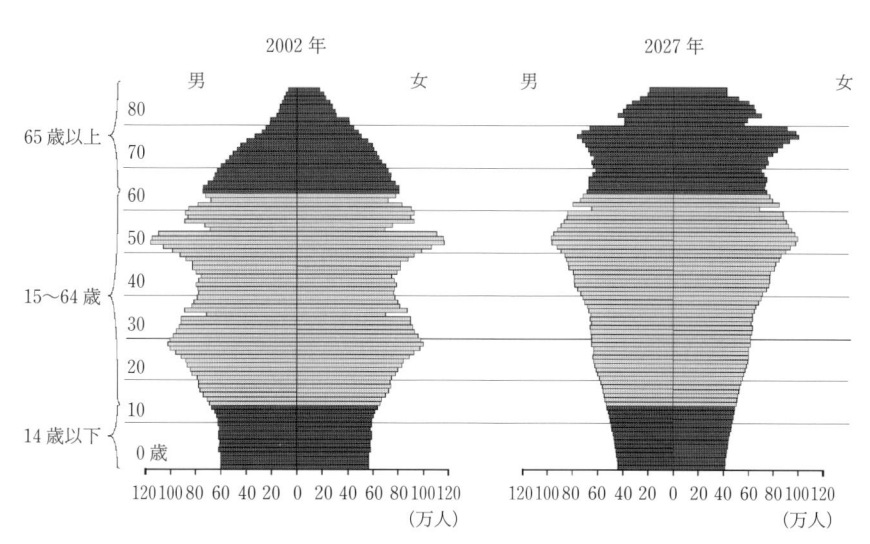

図**X**.1　わが国の人口ピラミッド（2002年と2027年）（第53回日本統計年鑑（平成16年），総理府統計局，第2章，2004）

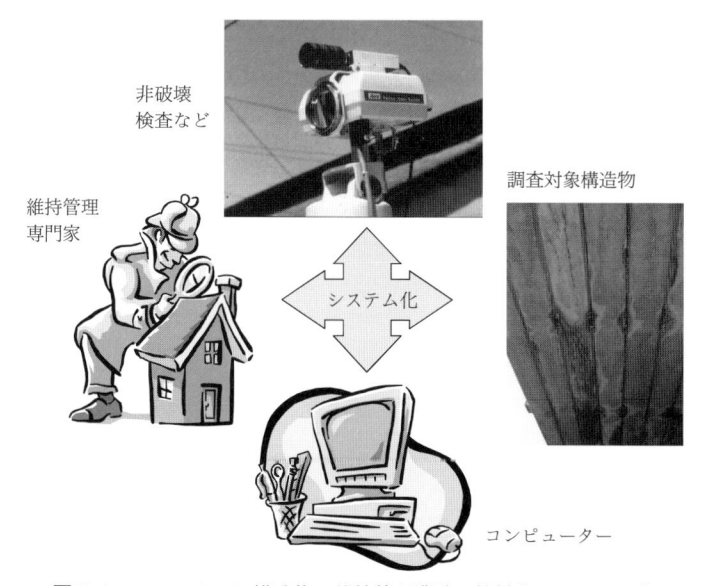

図**X**.2　コンクリート構造物の維持管理業務の機械化・システム化

する手法が多い）で対処してきたのが現状である．このため，地震や洪水などの大きな事故が発生した場合を除き，現場で行われた検査結果をより専門的な角度から検討されることはまれで，検査結果を見過ごすことも多かったのではないかと考えられる．

　このような現状を考慮して，2001年から日本コンクリート工学協会で始めた「コンクリート診断士」の資格制度は，ある意味では時代にマッチした制度である．図X.3および図X.4は2001年から2003年にかけての3年間における受験者，合格者，合格率の分布図である．これらの図からも明らかなように地域による偏在はあるものの，かなり幅広い年齢層の技術者が受験・合格していることが理解できよう．土木学会でも技術者資格試験が行われるようになり，その一分野としてメンテナンスがあげられている．これからは，国家試験ではなくとも各種の資格試験で維持管理技術者の技術レベルのアップと社会的な地位の向上をはかることが重要であろう．

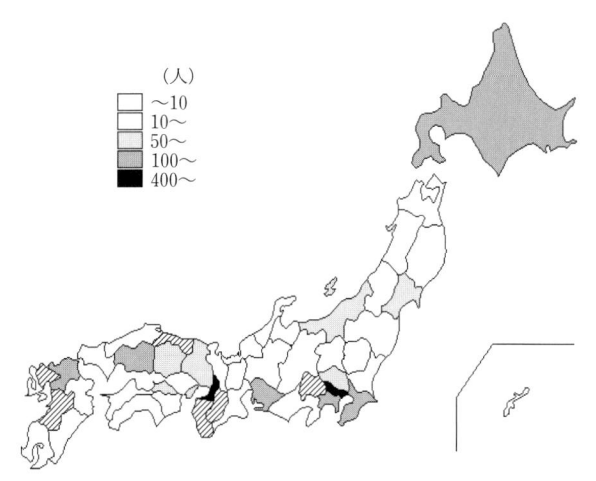

図X.3 コンクリート診断士合格者分布（日本コンクリート工学協会のデータより作成）

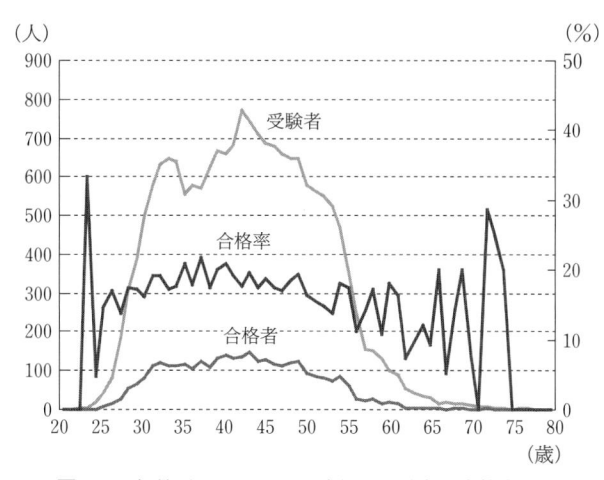

図X.4 年齢別コンクリート診断士受験者・合格者・合格率分布（2001～2003年，日本コンクリート工学協会のデータより作成）

X これからのコンクリート構造物の維持管理

2. これからの構造物と維持管理

　阪神・淡路大震災でも明らかになったように，現在のわが国では，建物，道路，鉄道，通信，ライフライン等の各種基盤設備は，社会・経済活動を支える重要な設備となっている．すでに述べたように，低成長・少子高齢化時代を迎えている今，これらの設備を常時安全に使用できるように維持管理することが不可欠であり，これからは「高度に安全で豊かな社会基盤」を構築・維持することが最も重要になる．

　この目的を達成する方法として次の二つが考えられる．すなわち，①既存構造物を安全にかつ経済的に長期間使用できるような維持管理技術およびシステムの開発と実施，②構造物を新規建設する場合には100年以上使用することを想定し，その間の自然・社会環境の変化に対応できる構造安全性と，長期耐久性を確保するための技術およびシステムの開発と実施である．これらは両者に関係する技術もあるが，かなり異なった側面もある．

　図X.5に示すように，既存構造物を維持管理するためには，常時および緊急時を含めたさまざまな技術開発が必要である．その多くはいわゆる境界領域に属する研究で，経済学，人文社会学，電子情報工学，土木建築工学，その他の融合分野になる．一例としてこれから開発整備すべき事項をあげると次のようになる．

　①各種構造物・設備の高精度の検査手法およびデータ処理の開発（リアルタイム検査，遠隔処理も含む）と実施

　②検査結果および経時変化を考慮した予測に基づく診断方法の開発と実施

　③ライフサイクルコストを考慮した耐久性の高い補修・補強方法の開発（自動化，効率化）と実施

　④各種重要構造物のリアルタイム情報伝達と対策の指示・実行システムの開発と実施

　また，新規に構造物を建設する問題に関しては，図X.6に示すように基本的に地震等の常時・非常時の荷重や耐久性に対する十分な配慮が必要なだけでなく，リアルタイムモニタリング等を含めた「インテリジェント化」技術の開発・実施が必要となる．この場合には，建設系の分野ばかりでなくセンサー，制御機器，緊急時装置，情報処理装置等，広範囲にわたる分野協力が求められ，金融・保険関係の分野にまで影響を及ぼすことになる．

　しかし，いずれの開発および実施についても，従来，あまり重要視されてこなかったため，これから本格的に取り組むとすると体制の整備ばかりでなく，かなりの予算・人材が必要となる．実現するためには，人材の育成，研究の推進，企業の育成，具体的なシステムの構築・実施を行うことが必要である．このため，最初は産官学を含めた国家プロジェクトとしてスタートさせることが望ましい．また，これらが順調に進行すれば，現在まで建設分野が果たしてきた程度の市場規模（GDPの約10%）にすることができると予測される．結果的に，従来はなかった新たな「メンテナンス産業」を立ち上げることになる．今まで建設分野で働いてきた就業者（全就業者の約10%）も，それに応じた教育を受けることで新しい分野への転換も可能になるのではないかと考えられる．

```
                                    ┌─ 各種構造物・設備の高精度の検査手法
                                    │   およびデータ処理の開発
                                    │
                        ┌─ 既存構造物 ─┼─ 検査結果および経時変化を考慮した予測
                        │             │   に基づく診断方法
                        │             │
高度に安全で ──┤             ├─ 耐久性の高い補修・補強方法の開発
豊かな社会基盤  │             │
                        │             └─ 各種重要構造物のリアルタイム情報伝達
                        │                 と対策の指示・実行システム
                        │
                        └─ 新規構造物 ─┬─ 常時・非常時の荷重・耐久性配慮
                                      │
                                      └─ インテリジェント化技術の開発・実施
```

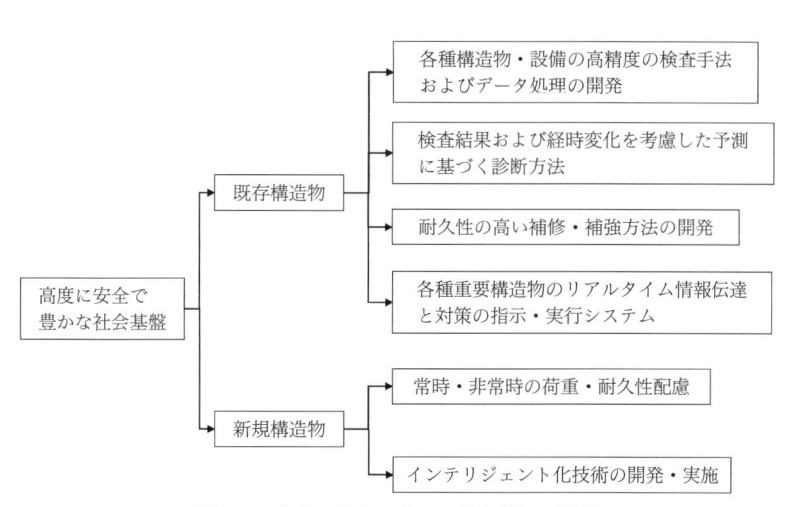

図X.5　高度に安全で豊かな社会基盤の構築

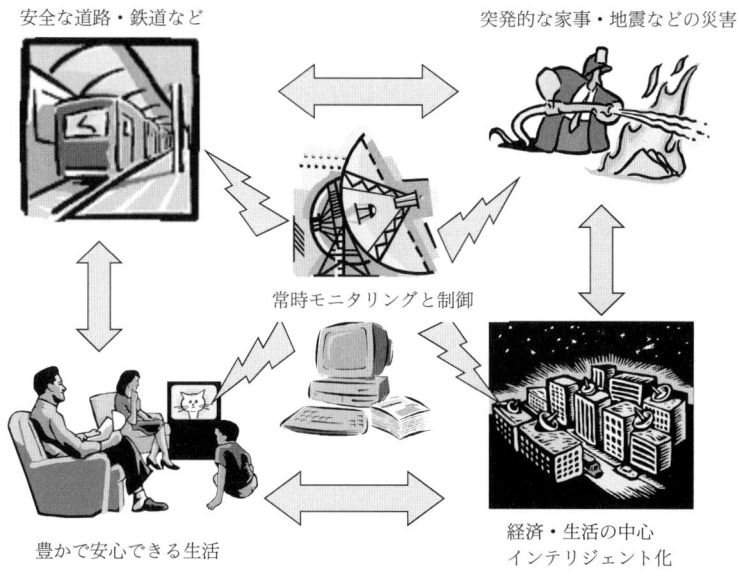

安全な道路・鉄道など　　　　　　　　突発的な家事・地震などの災害

常時モニタリングと制御

豊かで安心できる生活　　　　　　　経済・生活の中心
　　　　　　　　　　　　　　　　　インテリジェント化

図X.6　これからの高度に安全で豊かな社会基盤

付　録
コンクリート劣化診断ソフト

　近年，コンクリート構造物の劣化を早期に発見し，第三者被害を防止するとともに，定期点検の結果をもとに劣化レベルを定量的に把握し，最も効果的な補修・補強の時期，方法を判断できるような支援システムの構築が求められている．このような背景から，平成13～15年度の3カ年，東京大学生産技術研究所 魚本研究室において，共同研究「コンクリート劣化診断ソフトの開発」を実施した．

　本書では付録としてこのソフトを使用して実施したコンクリート構造物の劣化診断結果を示した．本ソフトに関する問い合わせは，以下に示した共同研究に参加した10社の研究員各位にお問い合わせ願いたい．

研究員氏名	所　属	E-mail アドレス
清水隆史	(株)建設技術研究所	tk-simiz@ctie.co.jp
木下勝也	(株)建設技術研究所	k-kinost@ctie.co.jp
松山公年	日本工営(株)	a4043@n-koei.co.jp
守分敦郎	東亜建設工業(株)	a_moriwake@toa-const.co.jp
引地健彦	(株)千代田コンサルタント	t-hiki@chiyoda-ec.co.jp
笠井和弘	飛島建設(株)	kazuhiro_kasai@tobishima.co.jp
安部　聡	(株)錢高組	abe_satoshi@zenitaka.co.jp
宇野洋志城	佐藤工業(株)	uno@satokogyo.co.jp
大橋幹生	(株)間組	ohashim@hazama.co.jp
佐藤大輔	(株)コンステック	d-sato@constec.co.jp
谷口　修	五洋建設(株)	Osamu.Taniguchi@mail.penta-ocean.co.jp
ソフト製作協力：(株)インターブレイン		http://www.int-brain.jp

(2006年1月現在)

I　劣化診断ソフトの概要

1.　目視による劣化診断ソフトの位置づけ

　建設から維持管理の時代へ移行しつつあるなか，非破壊検査等により綿密な調査・診断が行われるコンクリート構造物は，その劣化が顕在化している構造物や社会的影響の大きな構造物に限られる．
　一方，一般のコンクリート構造物は，日常行われる点検等により何らかの変状が発見された場合のみ，診断等が行われる（図I.1）．
　第1次診断では目視等により状況の確認が行われ，原因の推定や定性的な劣化レベルの評価がなされる．この第1次診断を受けて，専門家が原因別の詳細な調査（第2次診断）を行い，原因判定や劣化の予測を行い補修の要否が決定される．
　多くの構造物の劣化状況を合理的に把握するための手法として目視は有効であり，この目視による点検調査を活用し劣化原因や劣化レベルを判断することが可能となれば，コンクリート構造物の維持管理をスムーズに行うことができると考えられる．
　このようななか，本劣化診断ソフトは目視点検によるコンクリート構造物の診断により，「原因の推定」や「定性的な劣化レベル」を判定し，第2次診断等の必要性を判断する技術者の支援システムとして位置づけることができる．

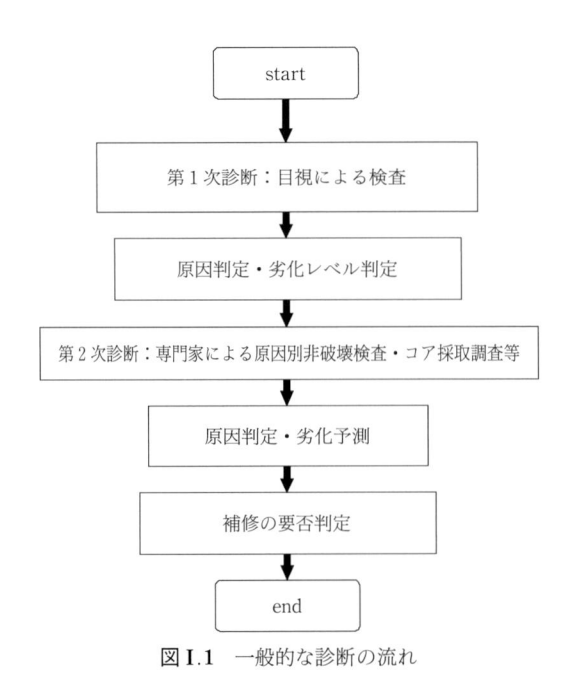

```
                    start
                      ↓
        第1次診断：目視による検査
                      ↓
          原因判定・劣化レベル判定
                      ↓
  第2次診断：専門家による原因別非破壊検査・コア採取調査等
                      ↓
            原因判定・劣化予測
                      ↓
              補修の要否判定
                      ↓
                     end
```

図I.1　一般的な診断の流れ

2. プログラムの流れと概要

　本プログラムは，過去の記録，現地の状況，目視による調査診断より，構造物の変状原因および劣化程度を診断し，技術者の判定を支援するソフトである．
　プログラムの流れを図 I.2 に示す．ユーザーは画面どおり進むことにより，以下の作業を行うこととなる．
　・点検，調査時の記録
　・変状原因の診断
　・劣化程度の診断（第三者影響度の診断）
以下に，ソフト画面遷移に従い概要を述べる．

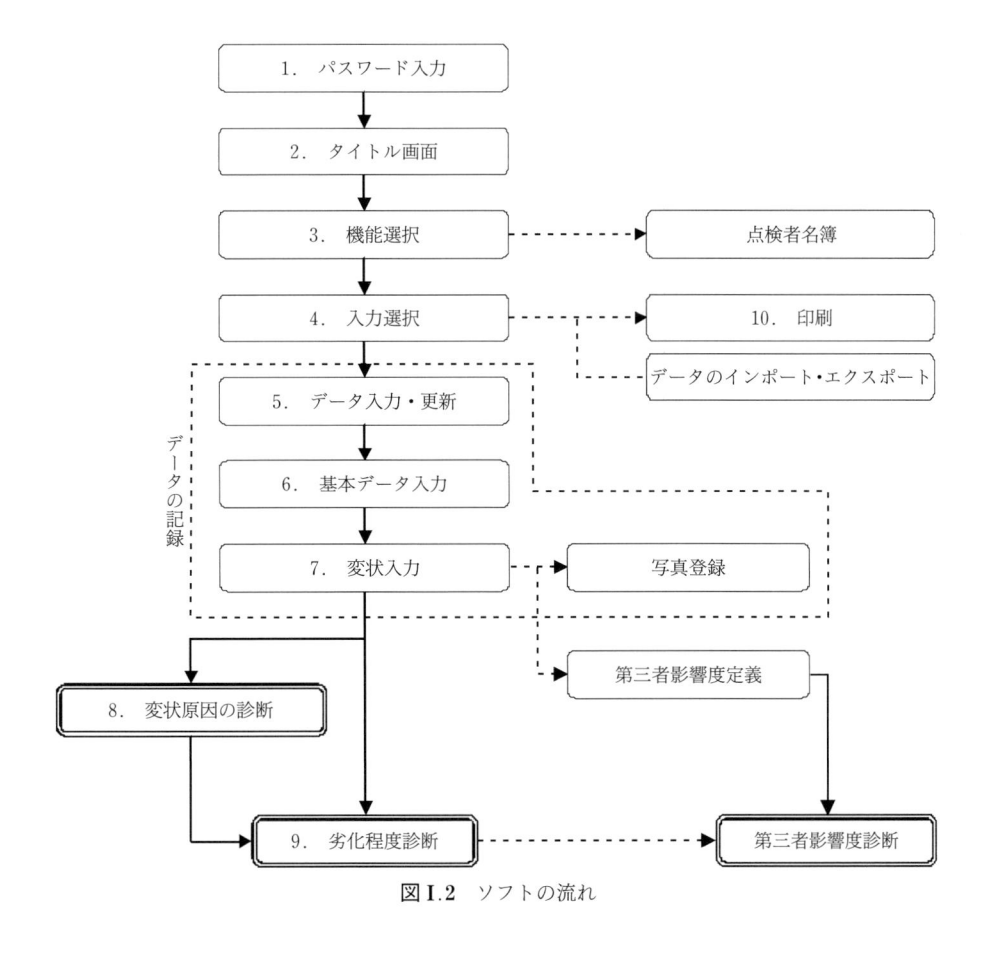

図 I.2　ソフトの流れ

1） データ入力・更新

［データ入力・更新］画面では，入力者の名前，対象とする橋梁の径間数，設置位置，建設年代，橋梁の種別（鉄道または道路）等の入力を行います（図 I.3）．

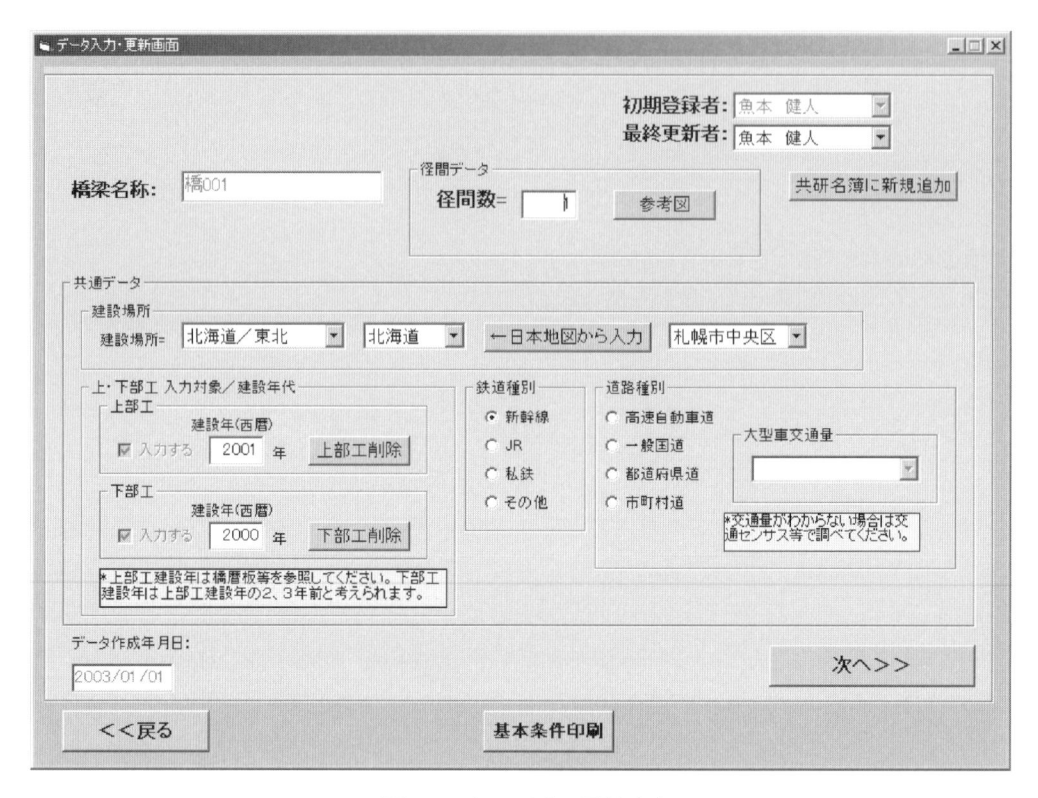

図 I.3　データ入力・更新画面

2） 基本データ入力

基本データの入力としては，［上部工］，［下部工］，［共通諸元（環境）］，［共通諸元（供用）］の四つの項目について，入力を行います（図 I.4）．

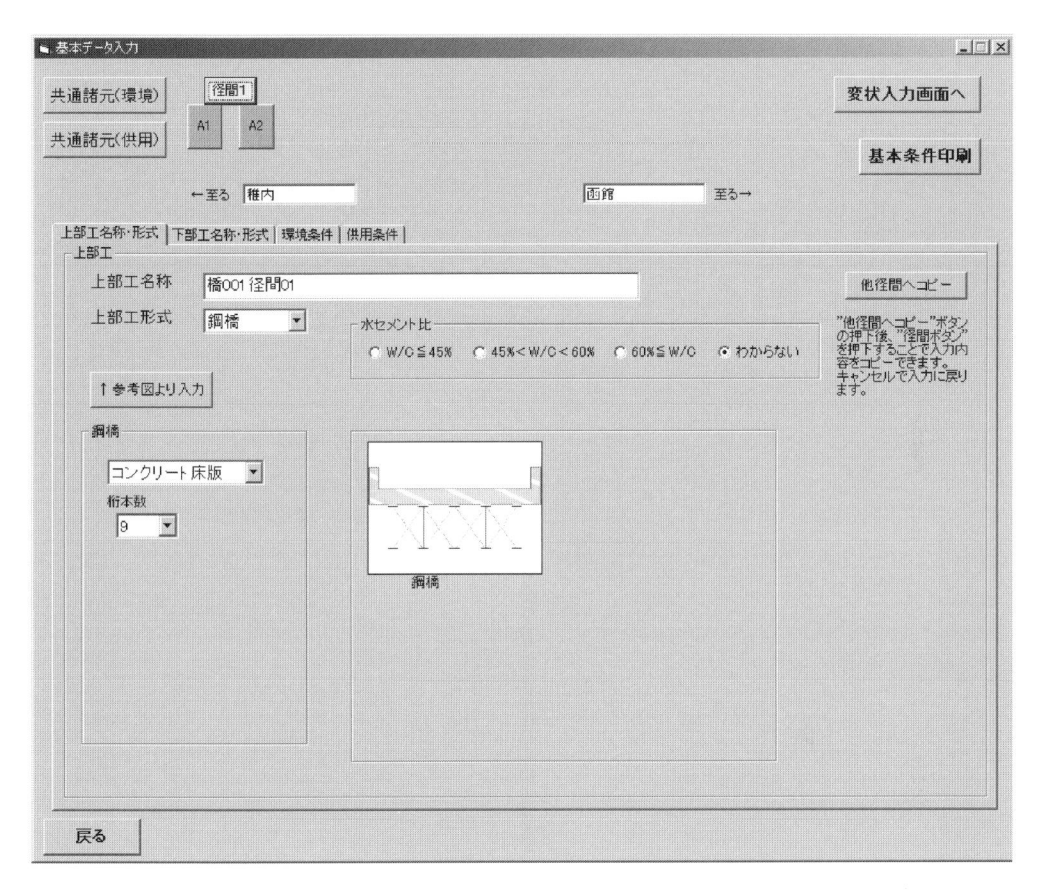

図 I.4　上部工の基本データ入力画面

① 上部工

［上部工名称］および［上部工形式］等は，径間ごとに入力します（図 I.4）．

［上部工形式］は，参考図（図 I.5）に示される 6 形式が選択可能です（現バージョンでは，［伸縮継手］，［支承］，［排水装置］は適用していません）．

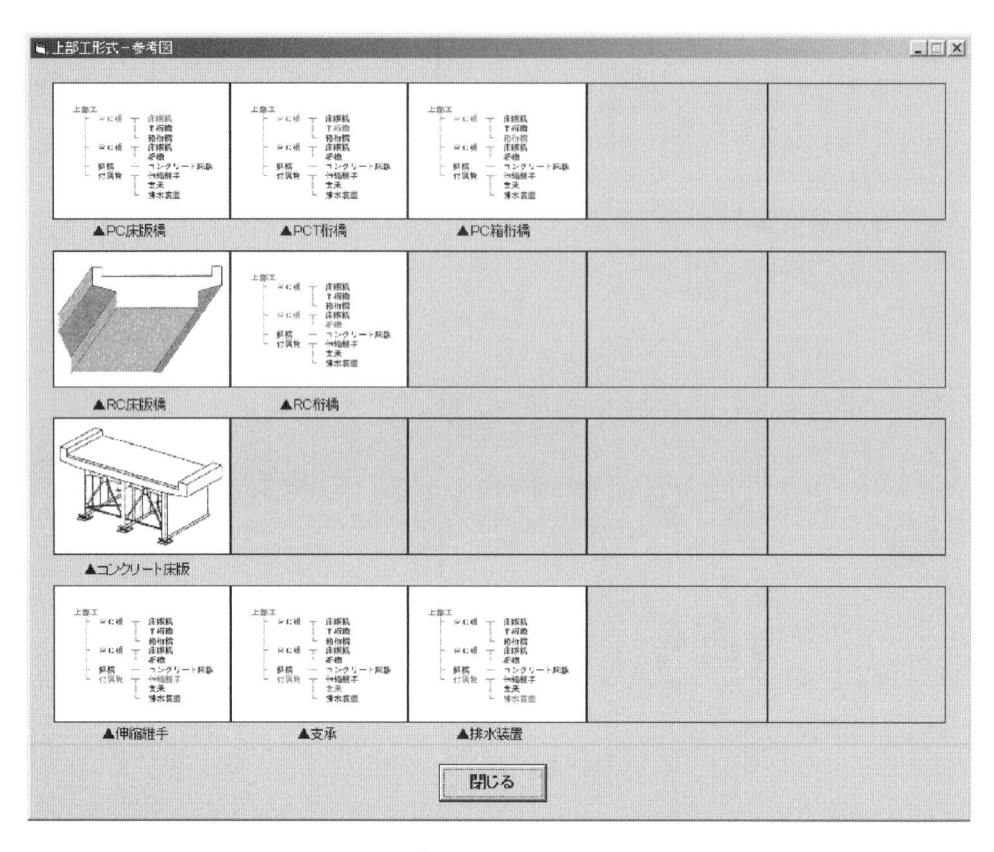

図 I.5　上部工形式

② 下部工

［下部工名称］および［下部工形式］等は，径間ごとに入力します（図 I.6）．

また，下部工特有の供用項目として，［地すべり地域］，［河川地域］，［軟弱地盤］等の環境条件や［洪水］の履歴等を入力します．

［下部工形式］は，参考図（図 I.7）に示される 7 形式が選択可能です．

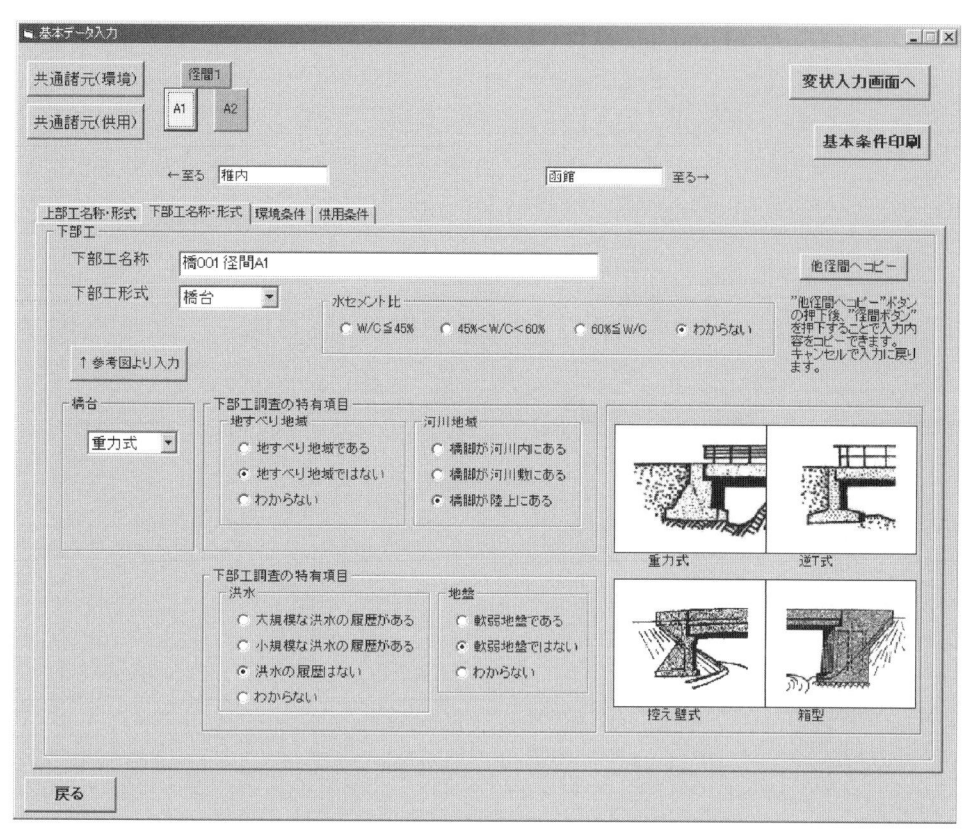

図 I.6　下部工の基本データ入力画面

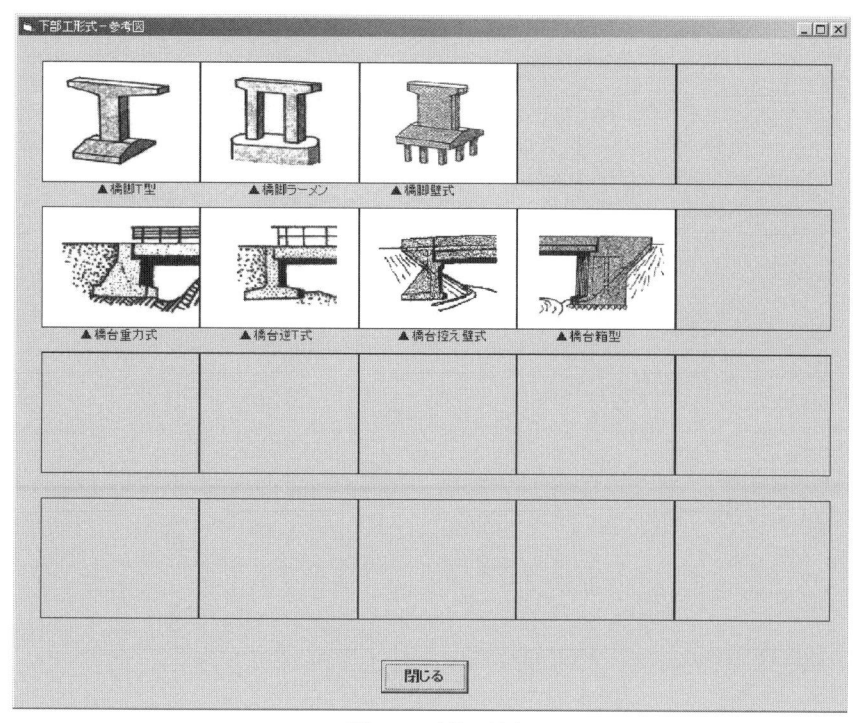

図 I.7　下部工形式

③ 共通諸元（環境）

上部工，下部工に共通する設置環境の入力項目としては，参考図等をもとに，以下の項目に当てはまるかをチェックします（図 I.8）．

- 塩害の発生率の指標として，「塩害地域区部」，「海岸からの距離」，「凍結防止剤散布の有無」
- 凍結融解作用の指標として，「凍害危険度」
- 化学反応を誘引する指標として，「温泉地域」
- 炭酸ガス濃度が高いと考えられる「都市・工業地域」
- 材料自体の問題である「海砂の使用」，「アルカリ骨材反応性骨材の使用」

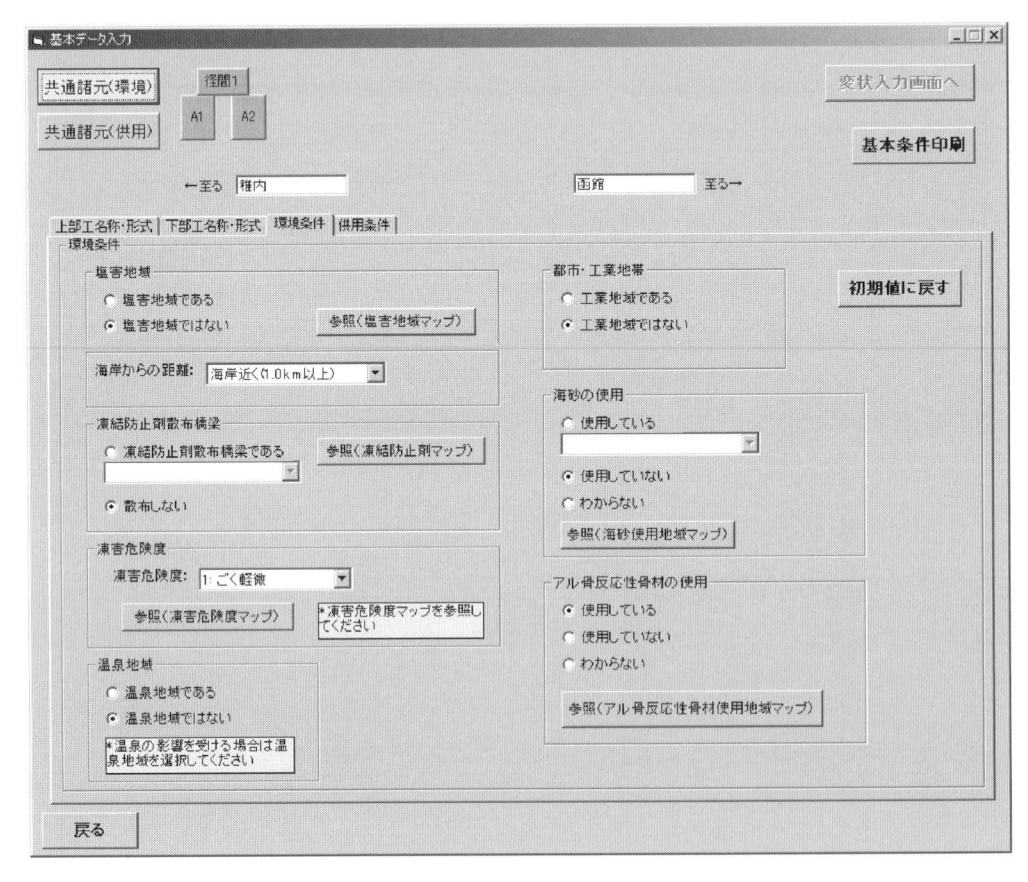

図 I.8 共通諸元（環境）の基本データ入力画面

④ 共通諸元（供用）

上部工，下部工に共通する供用環境の入力項目としては，以下の項目に当てはまるかをチェックします（図 I.9）．

- 大地震（震度 5 以上）の履歴
- 不同沈下の有無
- 車等の衝突の有無
- 火災履歴の有無

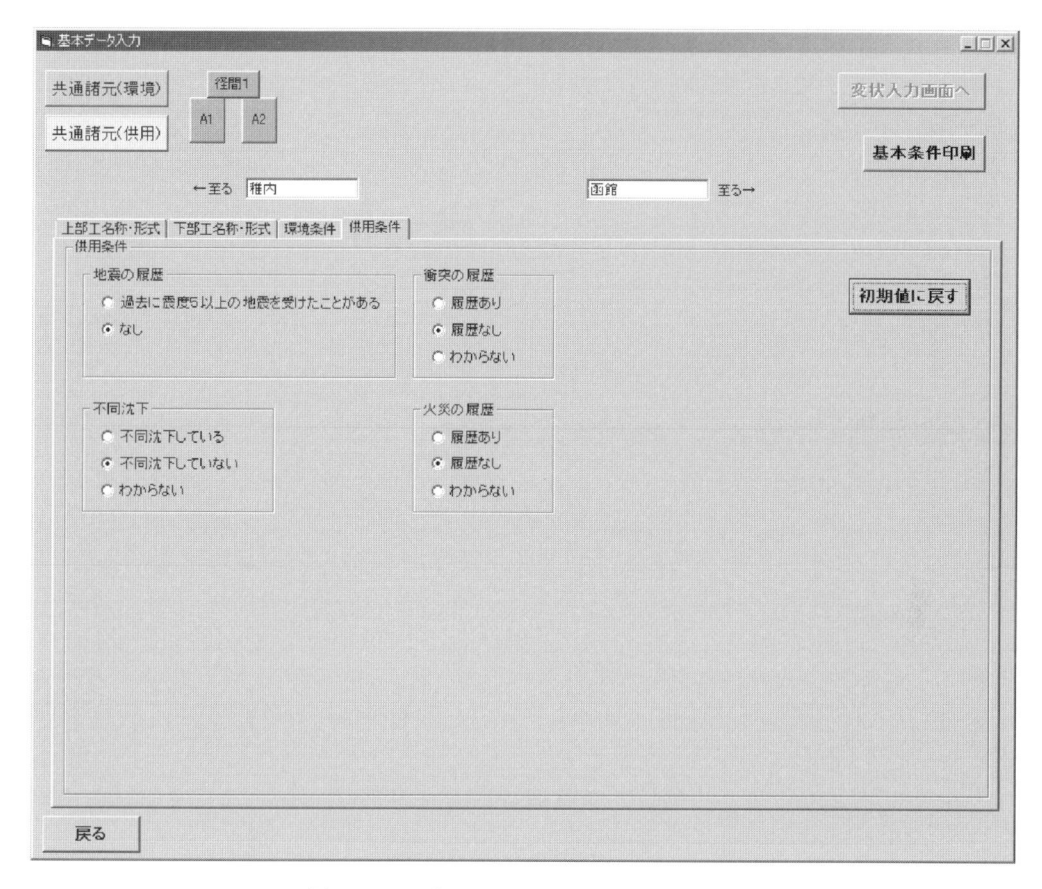

図 I.9 共通諸元（供用）の基本データ入力画面

3） 変状入力
① 部位の選択

［変状部位入力］は，入力する上部工または下部工を画面右上のセルを選択し，それぞれ行います（図 I.10）．

ユーザーは調査対象の上部工または下部工を，この画面に表示される模式図に見立て，この画面で変状記録を行う部位（セル）を選択します（図 I.11）．なお，表示される模式図は構造形式により異なります．

また，この画面で，ある一定以上の変状が見られ，第三者への影響を及ぼすおそれがあると判断される部位の定義や，現地で撮影したデジタル写真の登録を行うことが可能です．

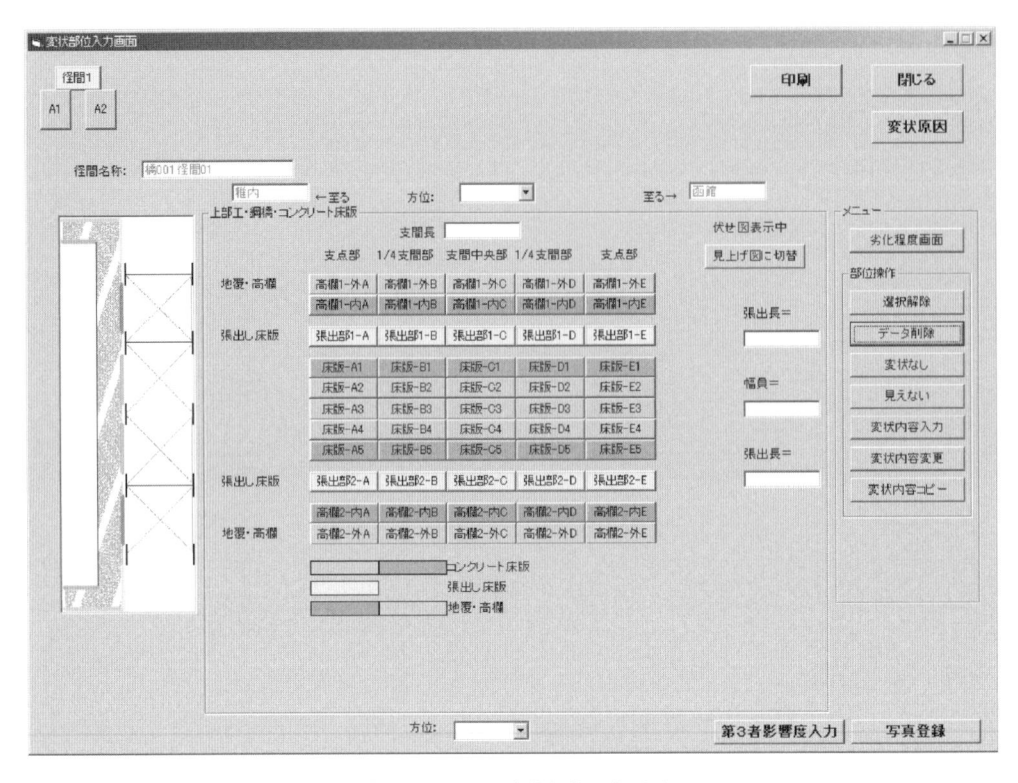

図 I.10　上部工変状部位入力画面

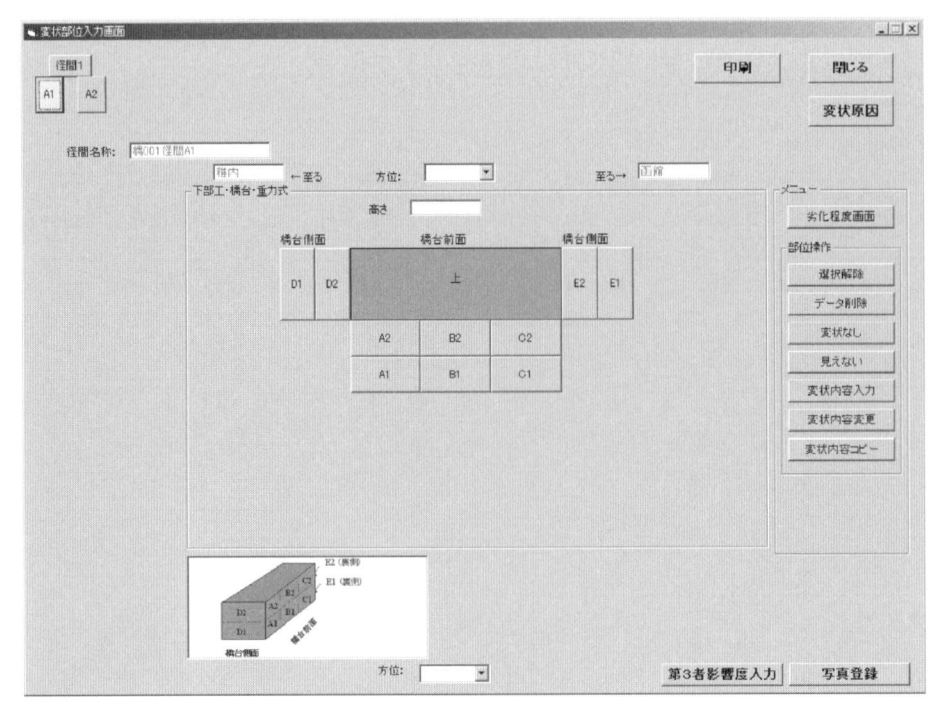

図 I.11　下部工変状部位入力画面

② 変状の入力

［変状部位入力］画面で選択した部位（セル）へ実際に変状を入力するのは，ひび割れに関する情報とひび割れ以外の変状の有無を入力する図I.12の［変状入力］画面と，ひび割れ以外の変状の程度を入力する図I.13の［変状入力詳細］画面で行います．また，変状の入力には参考図（図I.14）を参照することができます．

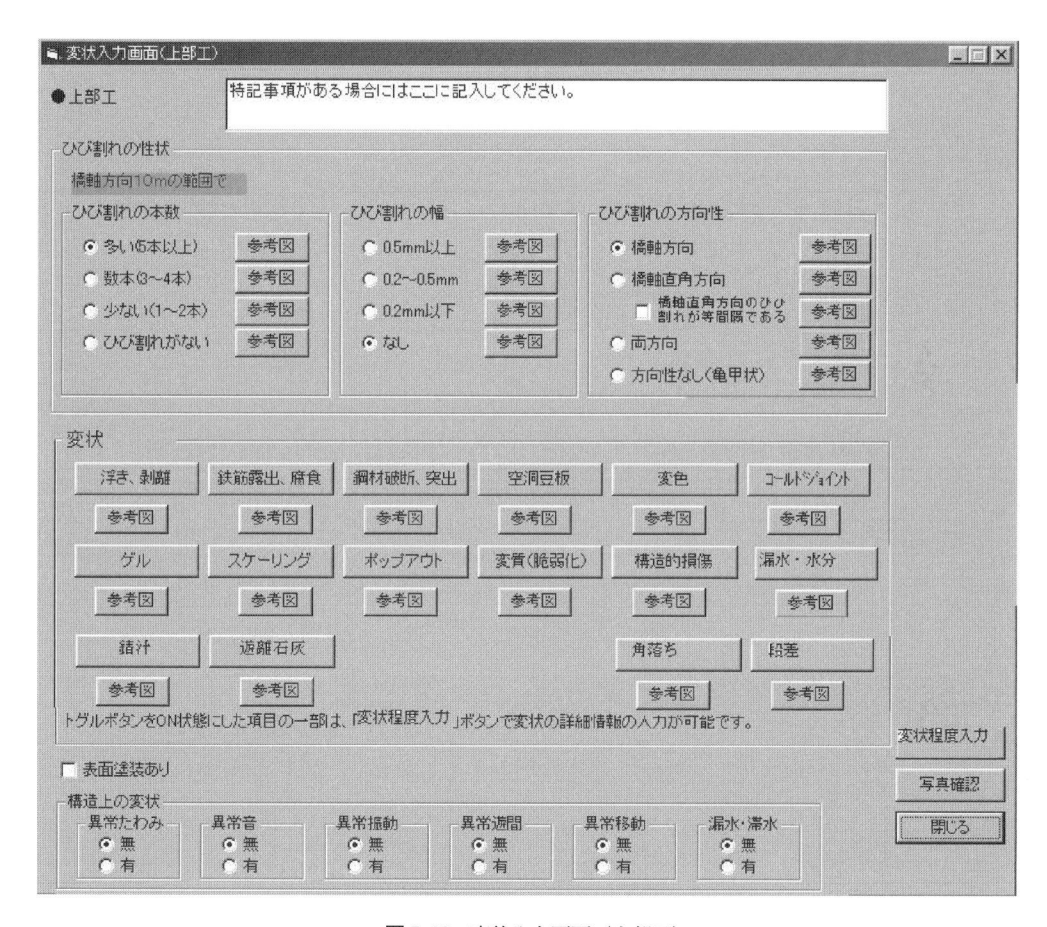

図I.12 変状入力画面（上部工）

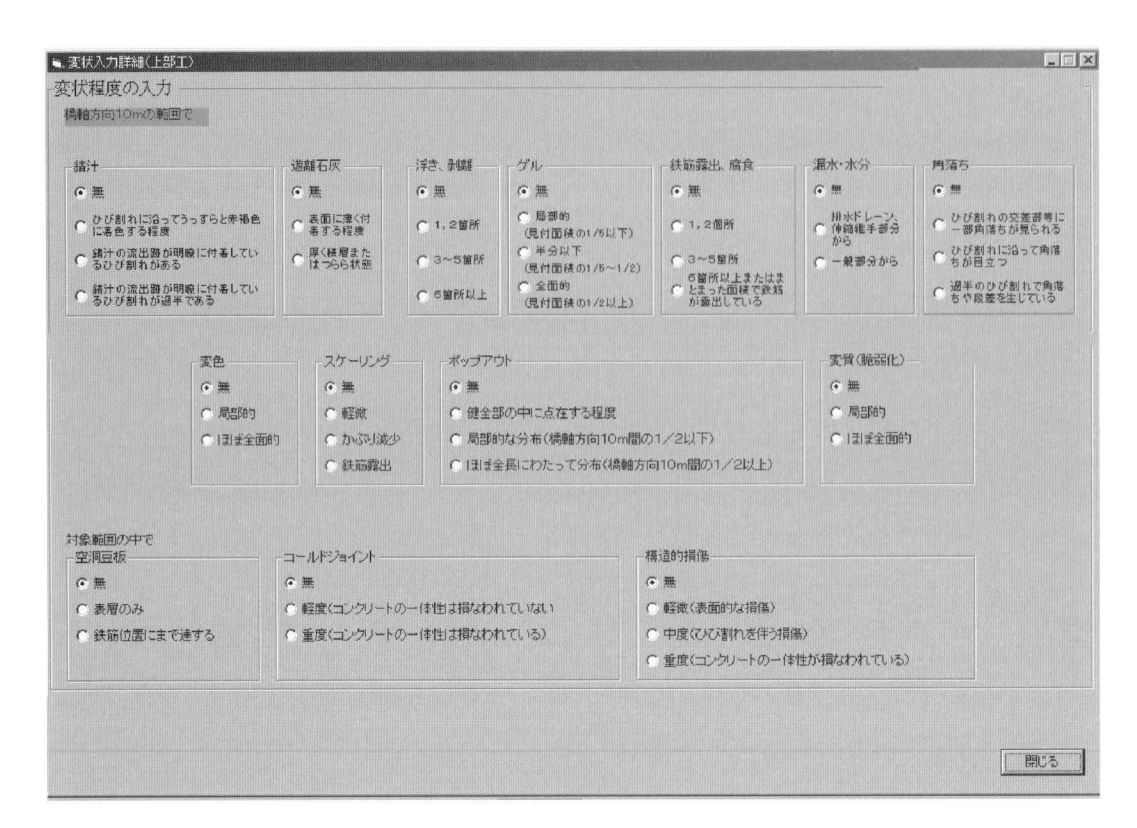

図 I.13　変状入力詳細画面（上部工）

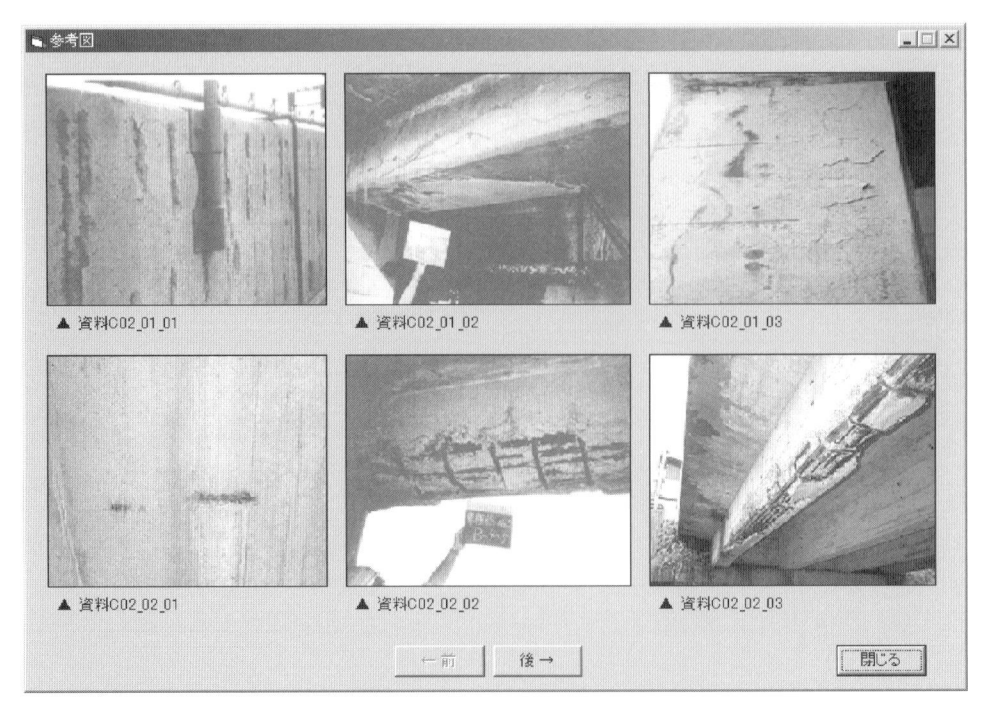

図 I.14　変状入力参考図（錆汁）

4） 変状原因の診断

［変状部位入力］画面での入力が終了した部位については，「変状原因」ボタンをクリックすることで，変状原因の推定が可能です．（図 I.15）．

診断は変状が入力されたセルごとに，変状の状態や供用条件，環境条件，構造条件，部位条件等をもとに，変状の発生原因として考えられる要因を診断し，ユーザーが行う変状の発生原因の支援を行います．

変状原因結果の表示方法としてはいくつかの方法があり，ユーザーはそれらの情報をもとに変状発生原因を決定します．

変状原因診断表示法

① 各部位での変状原因について，上位五つを順次一覧表示する方法（図 I.16）
② ある変状原因の分布を表示する方法（図 I.17）
③ 部位ごとに変状原因の順位を表示する方法（個別診断，図 I.18）

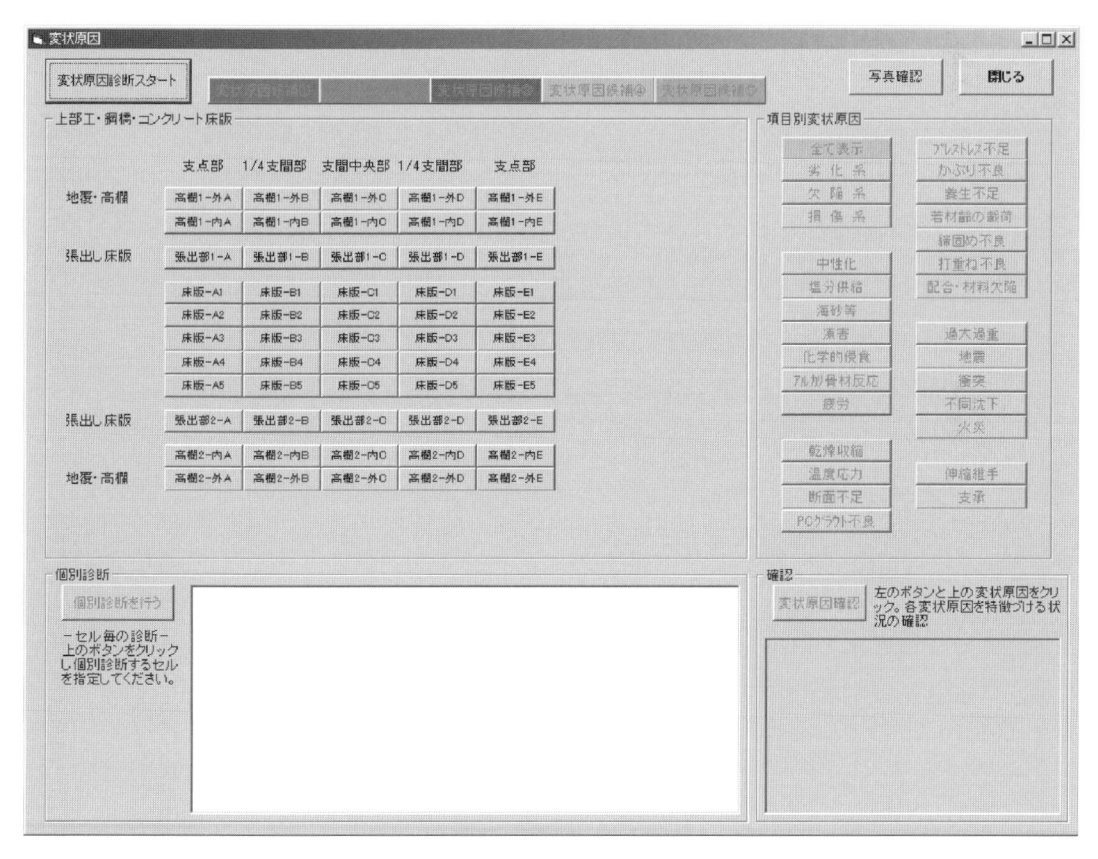

図 I.15　変状原因診断画面

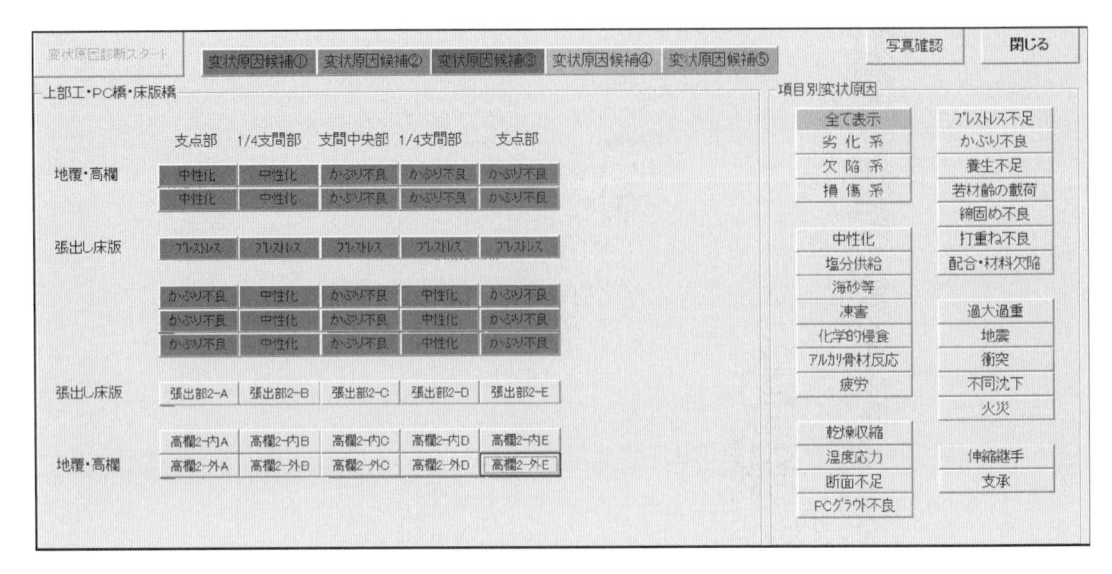

図I.16　主な変状原因（例：各部位の第1位要因表示）

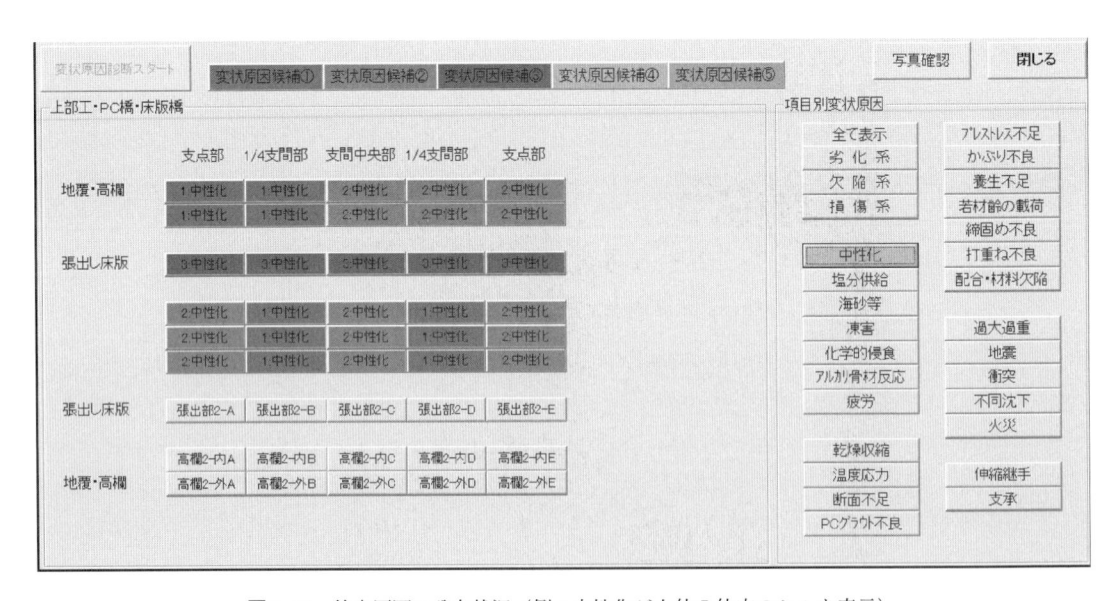

図I.17　特定原因の分布状況（例：中性化が上位5位内のセルを表示）

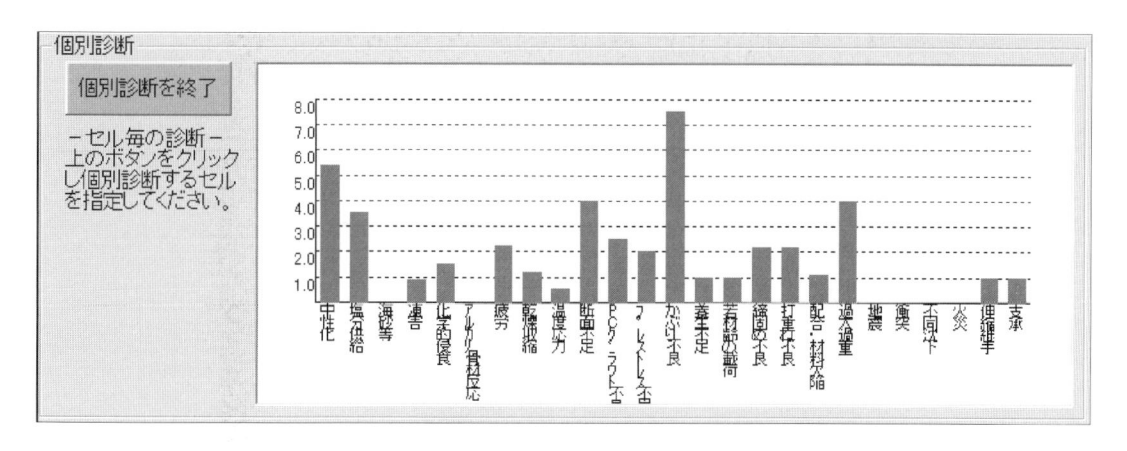

図 I.18　特定部位の個別診断

5) 劣化程度診断

［変状部位入力］画面で入力が終了した部位に対しては，「劣化程度」を判定することが可能です．（図 I.19）．

本ソフトの特徴の一つに，変状原因と劣化程度を関連づけ，判定を行うことがあげられます．仮に部材の変状原因が急速に進展する可能性がある原因だった場合，その変状原因を考慮した劣化程度の判定が必要になります．本ソフトでは変状原因が「中性化」，「塩害」，「凍害」，「アルカリ骨材反応」であった場合の変状進展を考慮した劣化程度の判定が可能です（図 I.20）．

また，部材に「第三者影響度」を定義している場合，第三者影響度の有無を診断できます（図 I.21）．

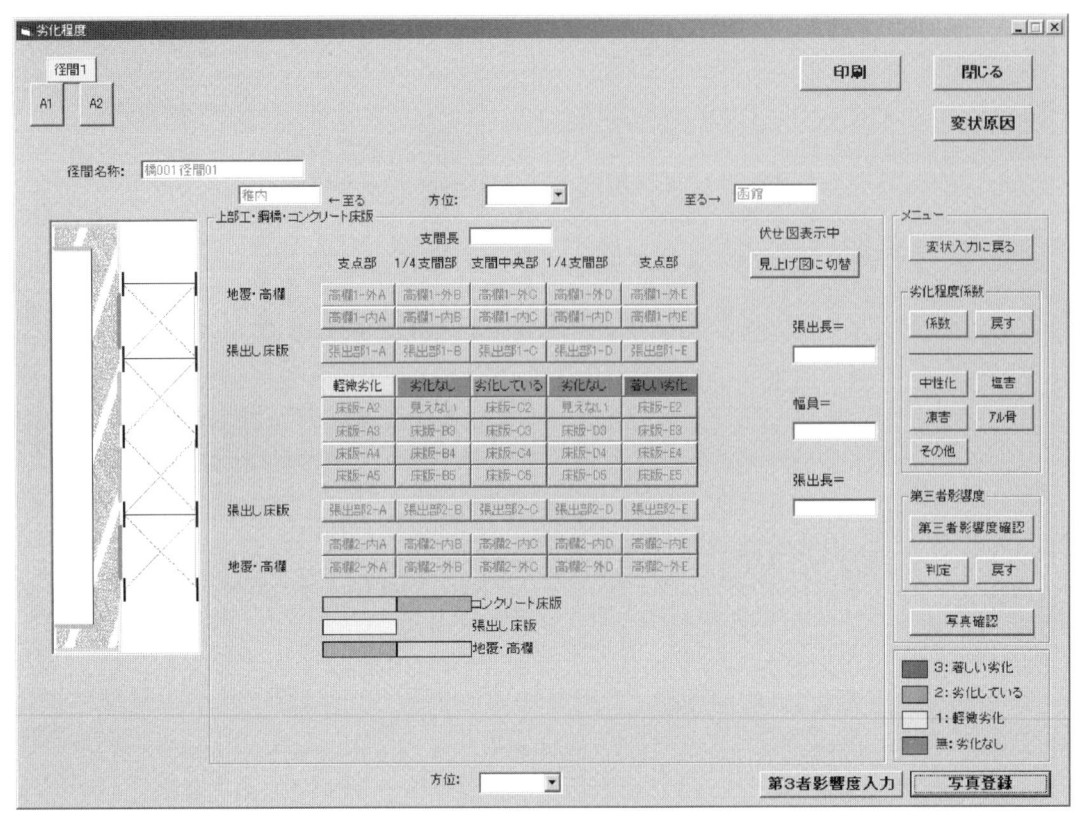

図 I.19　劣化程度の判定

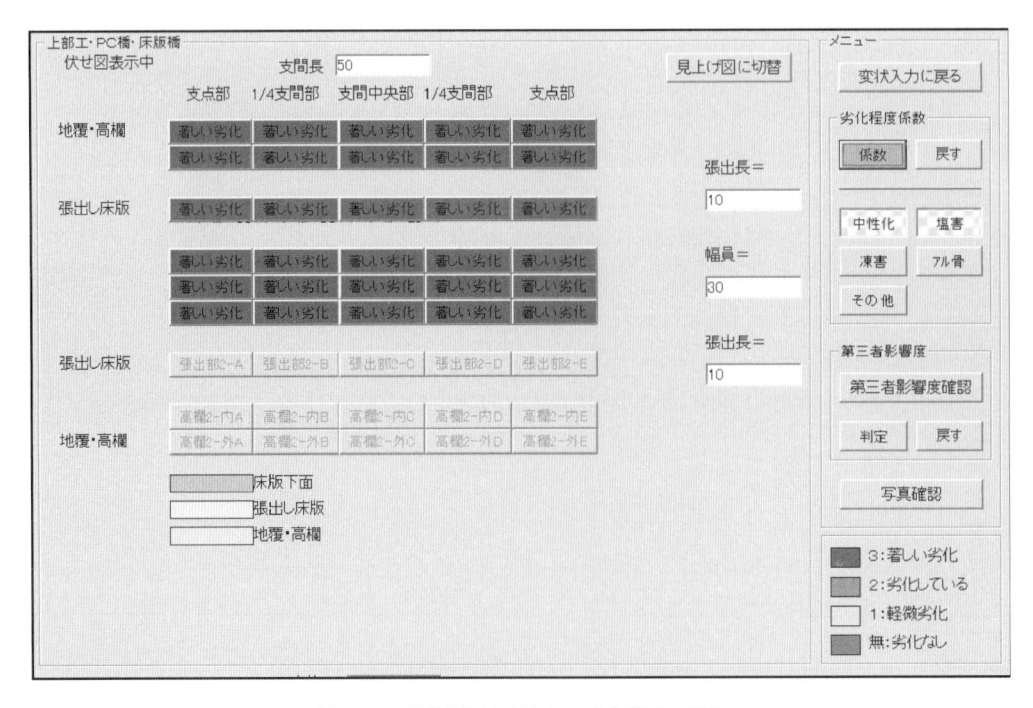

図 I.20　変状原因を考慮した劣化程度の判定

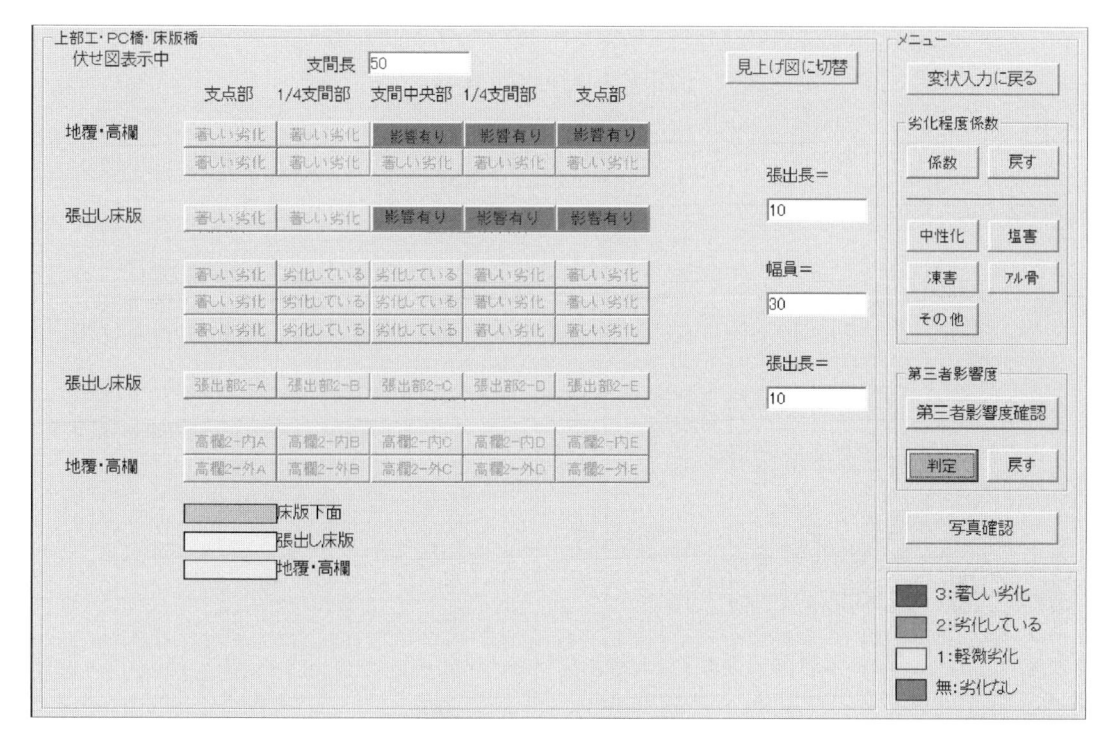

図 I.21　第三者影響度の判定

6) レポート出力

入力した情報（基本データ・変状条件等）や推定結果（変状原因等）は，MS-Excel のファイルで，レポート印刷が可能です（図 I.22）．

レポート例抜粋1

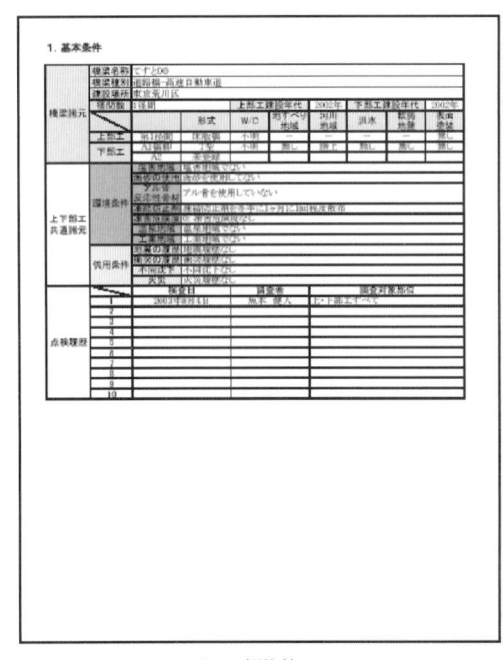

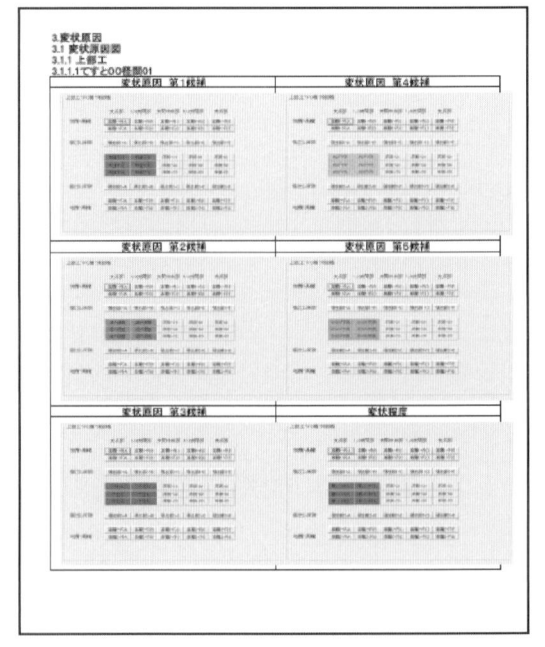

レポート例抜粋2

レポート例抜粋3

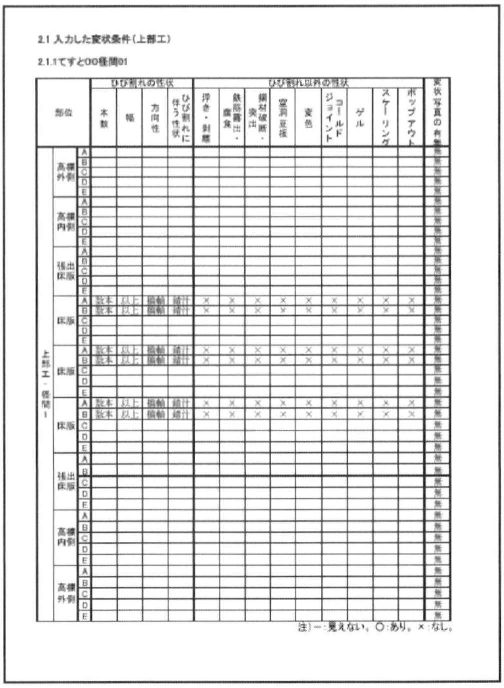

レポート例抜粋4

図 I.22　レポート出力の例

II 劣化診断ソフトの事例紹介

1. 塩害により劣化した橋梁の診断例

1) 概　要

対象橋梁は 1950 年頃に施工された単径間の RC 桁橋である．本橋梁は海岸近くに位置しており，厳しい塩害環境下にある．上部工下面にはかぶりコンクリートの剥落および鉄筋の露出が見られ，変状程度は著しい．また，橋台にはひび割れ等の軽微な変状が見られた．

図Ⅱ.1　対象橋梁の全景

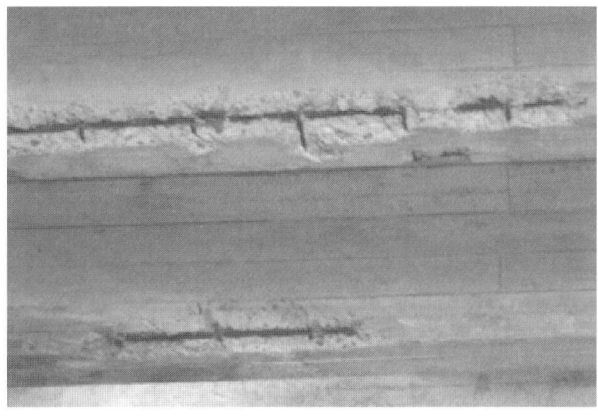

図Ⅱ.2　RC 桁下面の変状

2） 基本データの入力

図II.3に基本データの入力画面を示す．ここでは，橋梁名称，径間数，建設場所，上部工・下部工の建設年代，道路種別などを入力する．

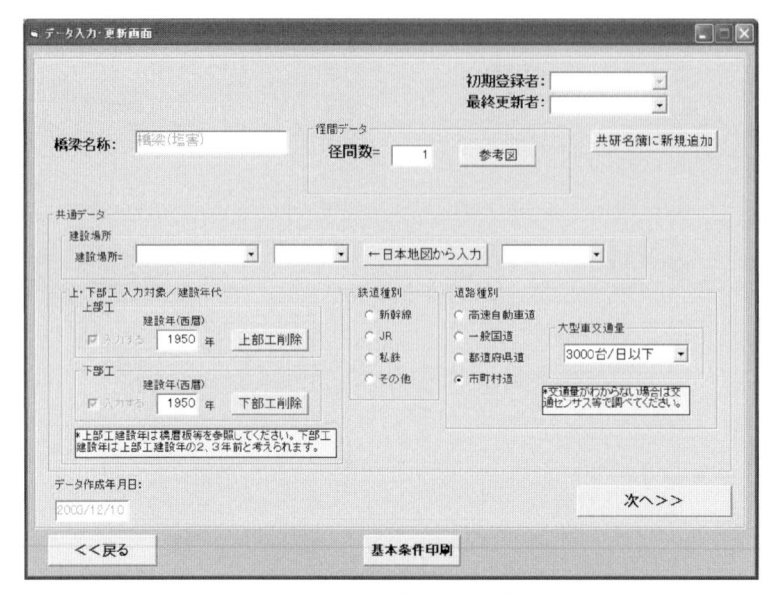

図II.3 基本データ入力例

3） 共通諸元の入力

共通諸元の入力は二つの画面に分かれており，環境条件および供用条件に関して入力する．図II.4に環境条件の入力画面を示す．図II.4で塩害地域，凍結防止剤散布状況，凍害危険度，温泉地域，都市・工業地帯の有無，海砂使用の有無，アルカリ骨材反応性骨材の使用の有無などを入力する．ここでは，対象橋梁が海に面していることから，塩害環境は「塩害地域である」で海岸からの距離は「海岸近く（0～0.1 km）」と入力した．

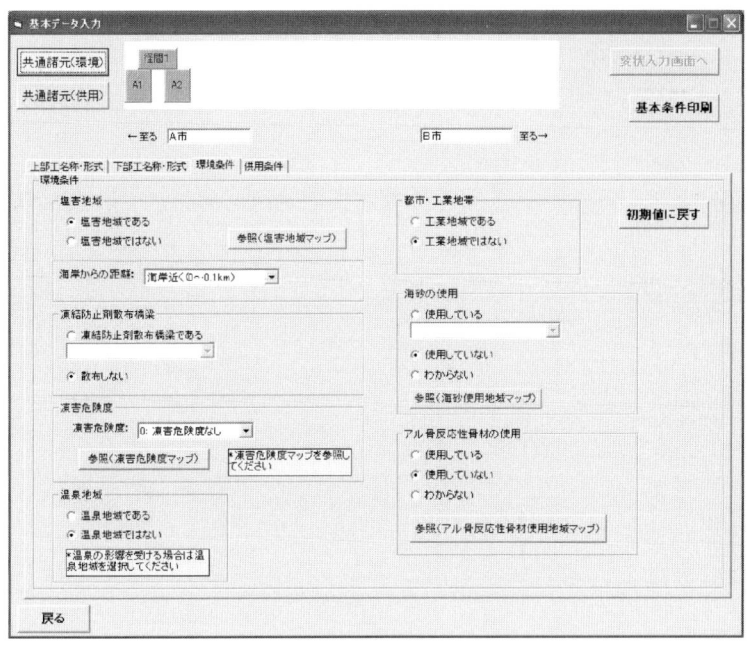

図Ⅱ.4　環境条件の入力例

4）構造名称および形式の入力

上部工の構造形式は「RC橋」の「桁橋」を選択した（図Ⅱ.5）．また，下部工は「橋台」の「重力式」橋台を選択した．下部工については，特有項目として地すべり地帯，河川地域，洪水，地盤などの条件を入力した（図Ⅱ.6）．

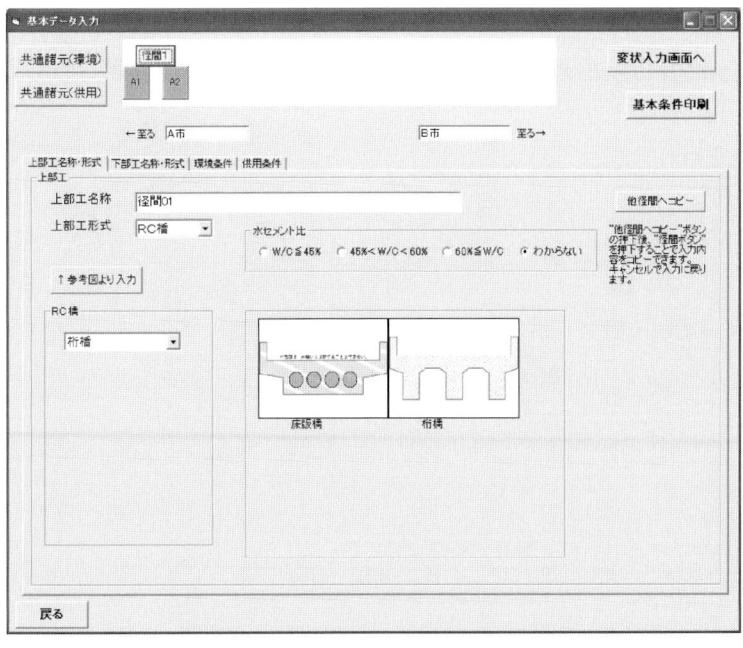

図Ⅱ.5　上部工名称および形式の入力例

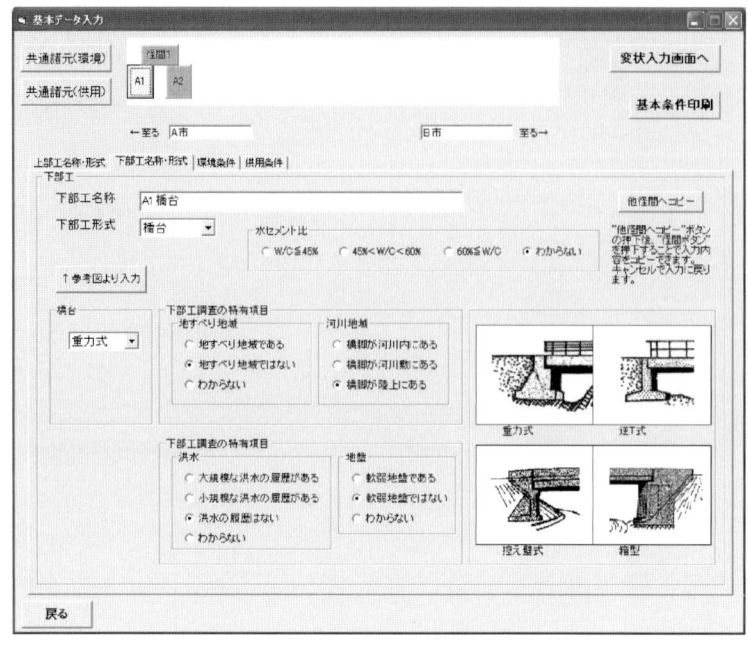

図II.6 下部工名称および形式の入力例

5) 変状入力

図II.7に上部工の変状入力画面を示す．展開図形式で各セルに変状を入力する方法となっている．本対象橋梁において，上部工は下面にかぶりコンクリートの剥落，鉄筋露出が見られたので，これについて該当セルに変状状況を入力した（図II.8，II.9）．

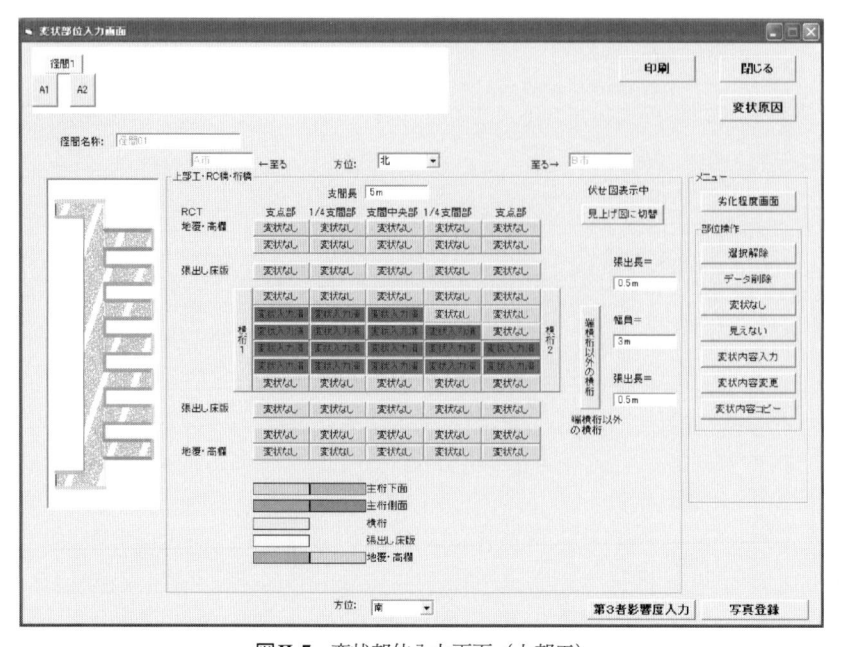

図II.7 変状部位入力画面（上部工）

図Ⅱ.8　変状状況入力画面（上部工）

図Ⅱ.9　変状状況詳細入力画面（上部工）

付録Ⅱ．劣化診断ソフトの事例紹介 —— *131*

6） 劣化原因推定

変状入力画面で各セルに変状状況を入力した後,「変状原因」ボタンを押して変状の原因を推定する．変状原因推定結果を図Ⅱ.10に示す．

劣化診断ソフトで推定された変状原因は,「塩分供給」となり，海岸近くで供用されている影響が強く反映された結果となった．また，セルごとの個別診断結果として各劣化・損傷原因の可能性がヒストグラムで表示される．今回の診断では，塩分供給が他の原因と比べて非常に高い可能性を示す結果となった．

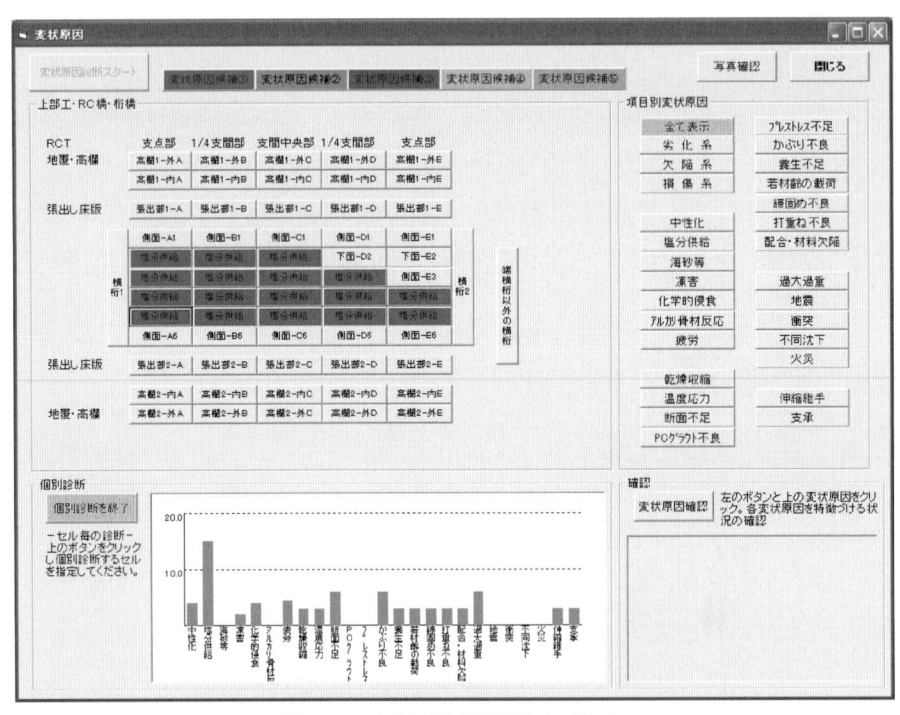

図Ⅱ.10 変状原因推定結果（上部工）

7） 劣化程度判定結果

変状部位入力画面で「劣化程度画面」ボタンを押すと変状状況を入力した各セルごとに劣化程度が示される．劣化程度は，変状なし，軽微劣化，劣化している，著しい劣化の順に示される．今回の診断結果では，かぶりコンクリートが剥落して鉄筋が露出している部分は「著しい劣化」と判定され，ひび割れが発生している部分は「劣化している」または「軽微劣化」と判定された（図Ⅱ.11）．劣化診断ソフトで判定された劣化程度は，図Ⅱ.12に見られる上部工下面の変状とよく対応している結果となった．

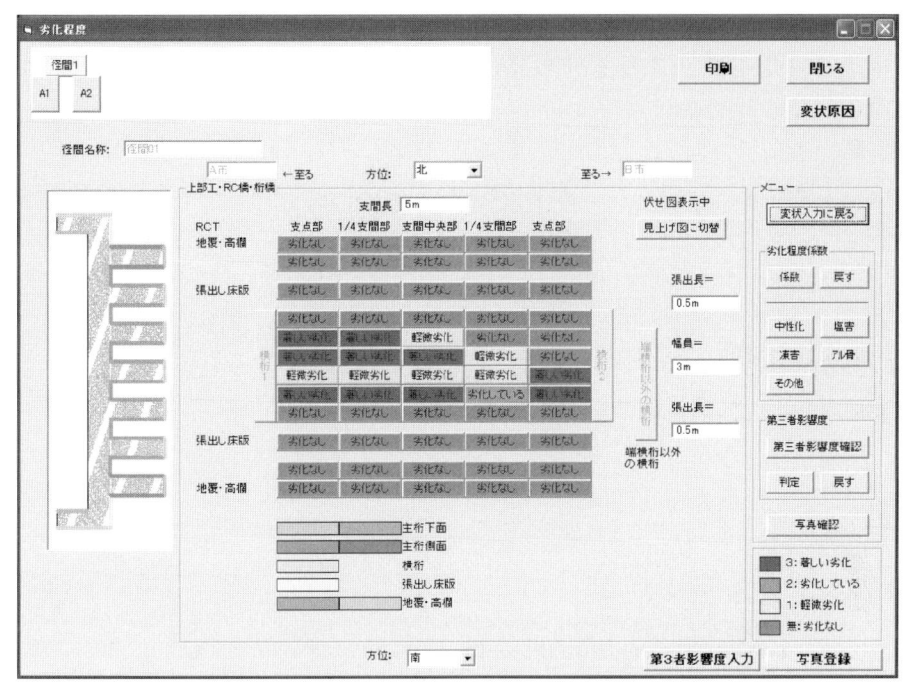

図Ⅱ.11　劣化程度判定結果（上部工）

図Ⅱ.12　上部工下面の変状

2. アルカリ骨材反応により劣化した橋梁の診断例

1) 概　要

対象橋梁は1970年頃に施工された2径間の鋼桁橋である．本橋梁は海岸から離れた河川に架けられており，塩害による影響は小さい．目視調査では，上部工RC床版にはひび割れなどの劣化は見られず，橋台および橋脚に亀甲状のひび割れと白色の析出物が見られた．特に橋脚の張出し部にこの変状が顕著であった．

図II.13に対象橋梁の全景を示す．図II.14に橋脚張出し部の変状を示す．

図II.13　対象橋梁の全景

図II.14　橋脚張出し部の変状

2) 基本データの入力

図II.15に基本データの入力画面を示す．ここでは，橋梁名称，径間数，建設場所，上部工・下部工の建設年代，道路種別等を入力する．

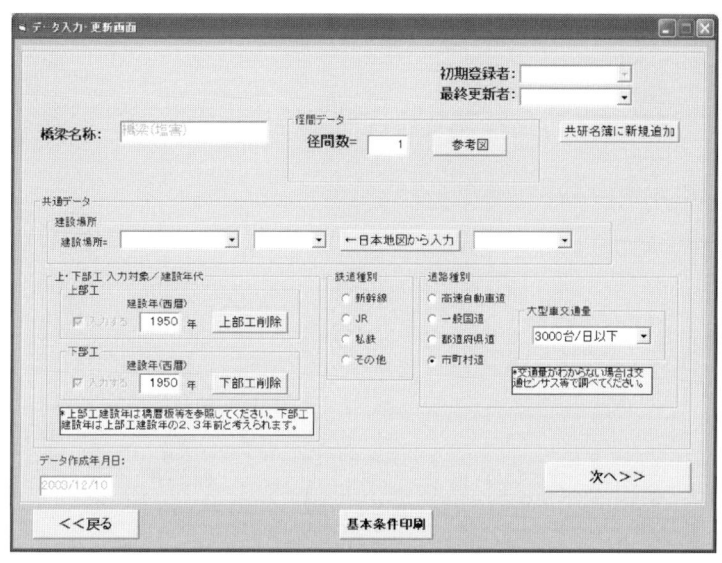

図II.15　基本データ入力例

3) 共通諸元の入力

共通諸元（環境）の入力例を図II.16に示す．本対象橋梁は塩害地域ではないが，凍結防止剤が散布されており，凍害危険度は軽微である．また，アルカリ骨材反応性骨材使用の有無は不明である．

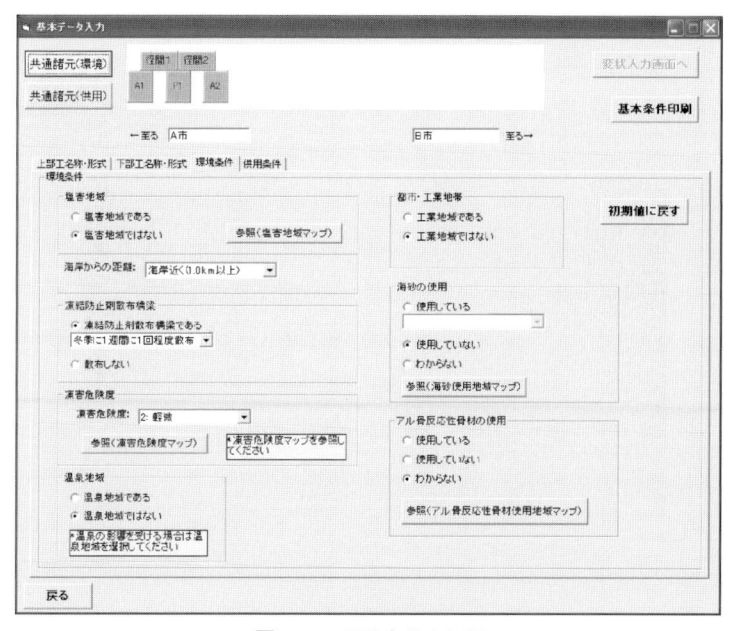

図II.16　環境条件入力例

4） 構造名称および形式の入力

　上部工の構造形式は「鋼橋」の「コンクリート床版」を選択した．また，下部工は「橋台」で「重力式」，「橋脚」で「壁式」を選択した．図II.17に橋脚の入力例を示す．

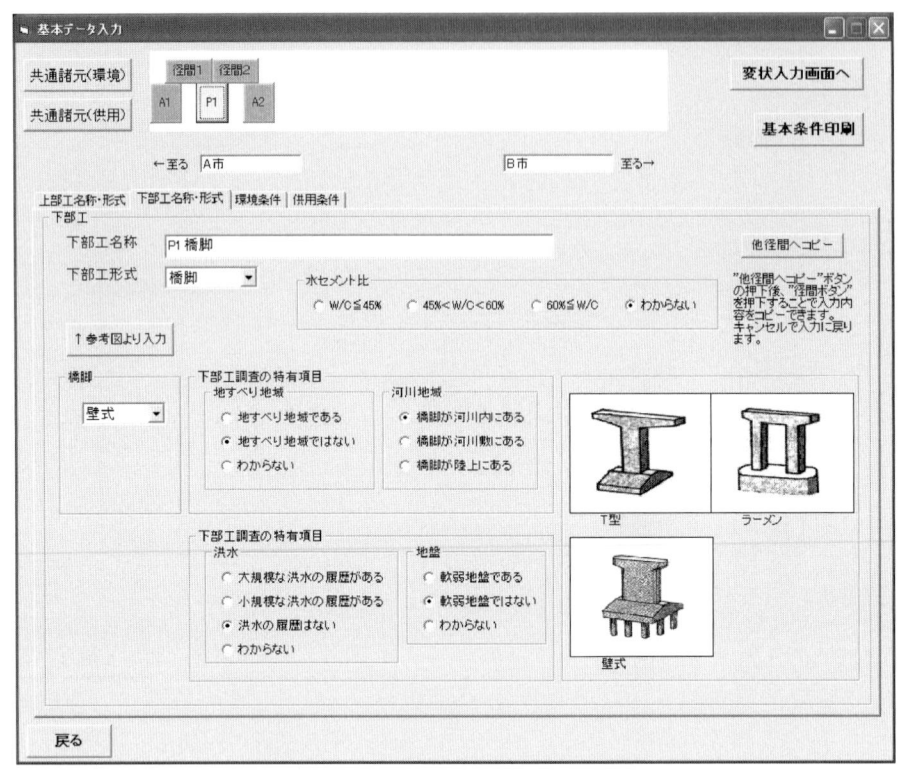

図II.17　下部工構造形式の入力例（橋脚）

5) 変状入力

橋脚の変状入力画面を示す．図Ⅱ.18に示すように，壁式橋脚の展開図状の各セルに変状を入力した．

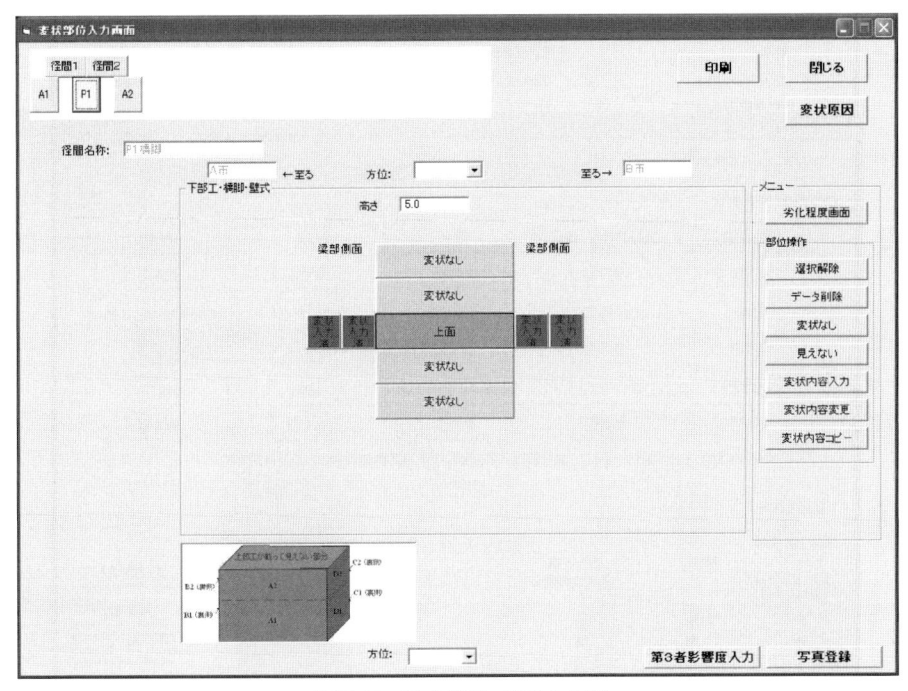

図Ⅱ.18 壁式橋脚の変状入力例

変状入力は，壁式橋脚の張出し部に亀甲状のひび割れが見られたので，目視で把握されたひび割れの本数，幅，ひび割れの方向性を入力した．また，ひび割れ以外の変状では，ゲルおよび遊離石灰を選定した．図Ⅱ.19に壁式橋脚張出し部の変状入力例を示す．図Ⅱ.20に変状入力詳細の入力例を示す．

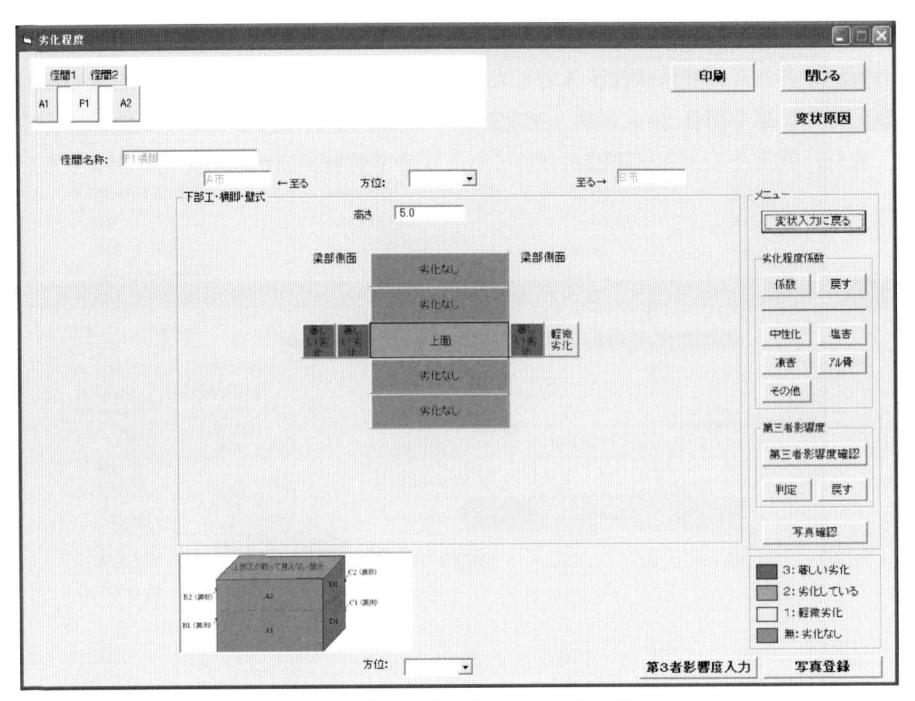

図Ⅱ.22 劣化程度判定結果（壁式橋脚）

5） 変状入力

橋脚の変状入力画面を示す．図Ⅱ.18に示すように，壁式橋脚の展開図状の各セルに変状を入力した．

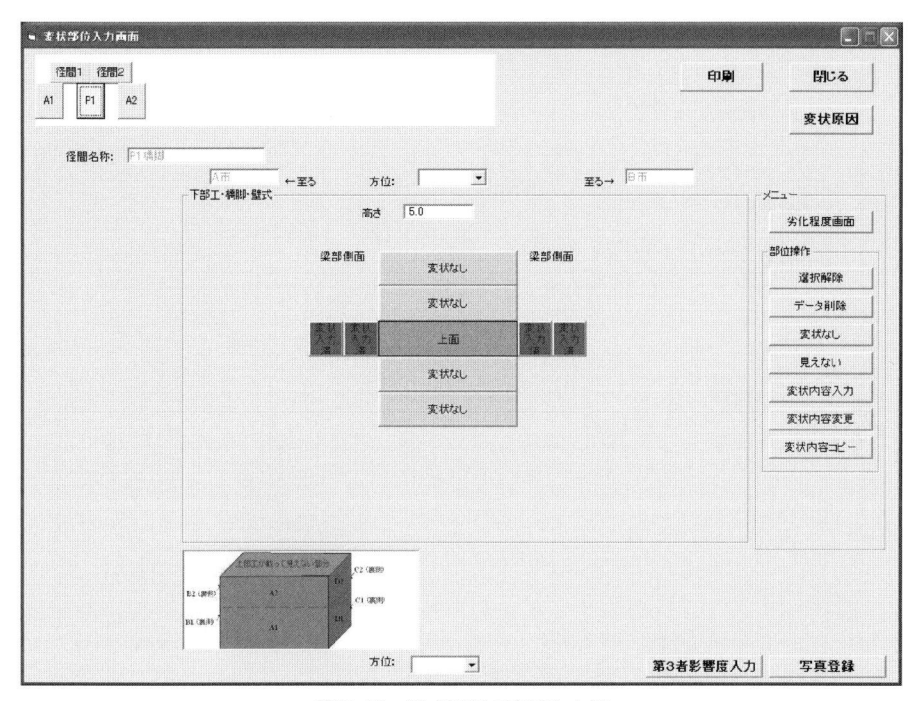

図Ⅱ.18　壁式橋脚の変状入力例

変状入力は，壁式橋脚の張出し部に亀甲状のひび割れが見られたので，目視で把握されたひび割れの本数，幅，ひび割れの方向性を入力した．また，ひび割れ以外の変状では，ゲルおよび遊離石灰を選定した．図Ⅱ.19に壁式橋脚張出し部の変状入力例を示す．図Ⅱ.20に変状入力詳細の入力例を示す．

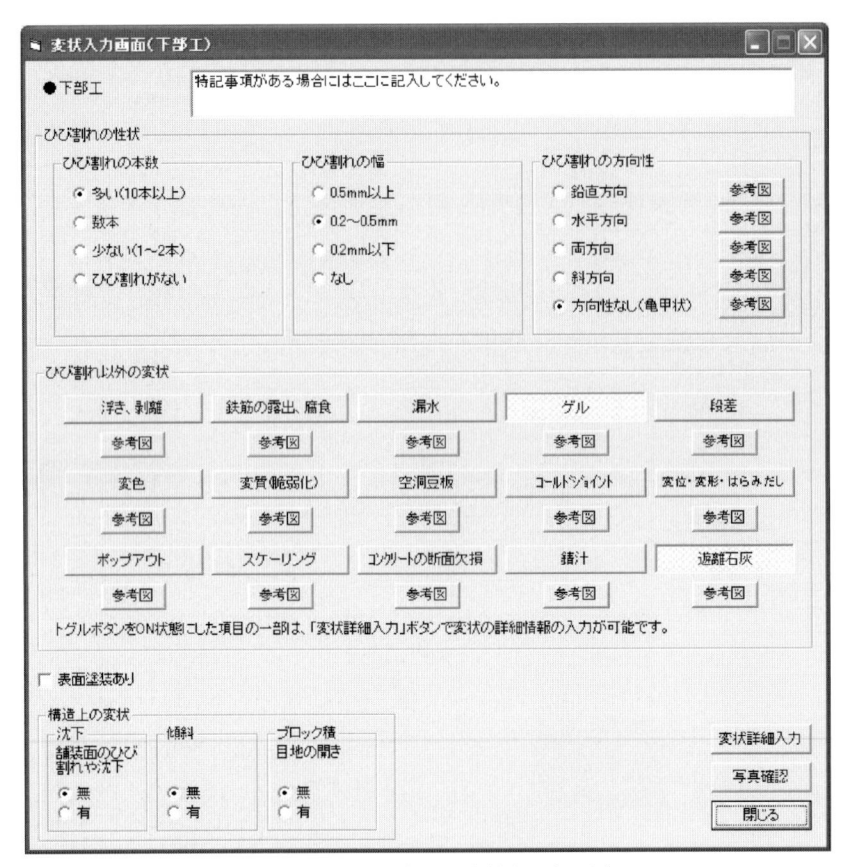

図Ⅱ.19　変状入力例（壁式橋脚張出し部）

図Ⅱ.20　変状入力詳細例（壁式橋脚張出し部）

6) 劣化原因推定

　変状入力画面で各セルに変状状況を入力した後,「変状原因」ボタンを押して変状の原因を推定する．変状原因推定結果を図II.21に示す．劣化診断の結果，変状原因はアルカリ骨材反応であると推定された．また，個別セルの変状原因においてもアルカリ骨材反応が他の劣化原因よりも高い可能性を示した．

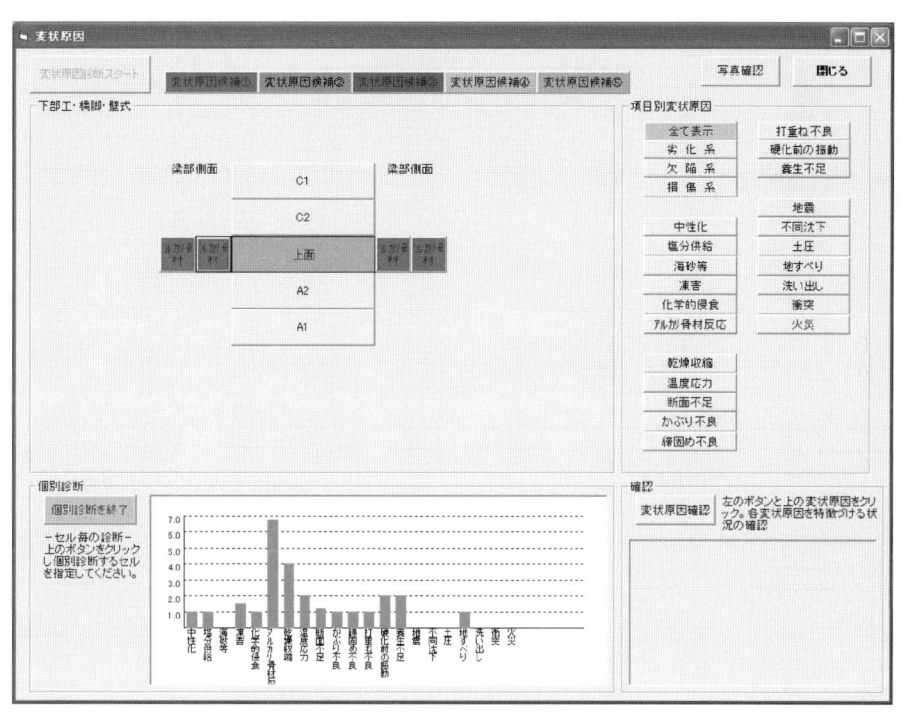

図II.21　変状原因推定結果（壁式橋脚）

　また，劣化程度判定結果は壁式橋脚の張出し部で劣化が顕著である状況とよく対応している結果となった（図II.22）．

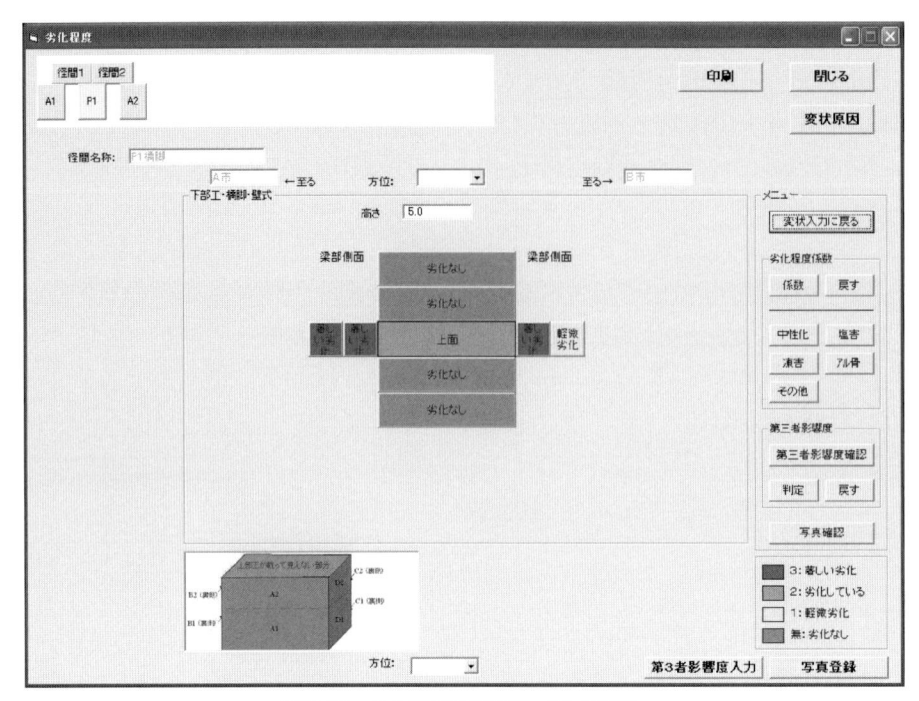

図Ⅱ.22 劣化程度判定結果（壁式橋脚）

著者略歴

魚本健人(うおもとたけと)

1947年 愛媛県に生まれる
1971年 東京大学工学部土木工学科卒業
現　在　東京大学生産技術研究所
　　　　都市基盤安全工学国際研究センター
　　　　センター長・教授
　　　　工学博士

コンクリート診断学入門
―建造物の劣化対策

定価はカバーに表示

2004年9月30日　初版第1刷
2006年2月25日　　　第2刷

著　者　魚　本　健　人
発行者　朝　倉　邦　造
発行所　株式会社　朝　倉　書　店

東京都新宿区新小川町6-29
郵便番号　162-8707
電　話　03(3260)0141
FAX　03(3260)0180
http://www.asakura.co.jp

〈検印省略〉

© 2004 〈無断複写・転載を禁ず〉

壮光舎印刷・渡辺製本

ISBN 4-254-26147-0　C 3051

Printed in Japan

京大防災研究所編

防災学ハンドブック

26012-1　C3051　　　　B5判 740頁 本体32000円

災害の現象と対策について，理工学から人文科学までの幅広い視点から解説した防災学の決定版。〔内容〕総論（災害と防災，自然災害の変遷，総合防災的視点）／自然災害誘因と予知・予測（異常気象，地震，火山噴火，地表変動）／災害の制御と軽減（洪水・海象・渇水・土砂・地震動・強風災害，市街地火災，環境災害）／防災の計画と管理（地域防災計画，都市の災害リスクマネジメント，都市基盤施設・構造物の防災診断，災害情報と伝達，復興と心のケア）／災害史年表

東工大 池田駿介・名大 林　良嗣・京大 嘉門雅史・東大 磯部雅彦・東工大 川島一彦編

新領域 土木工学ハンドブック

26143-8　C3051　　　　B5判 1120頁 本体38000円

〔内容〕総論（土木工学概論，歴史的視点，土木および技術者の役割）／土木工学を取り巻くシステム（自然・生態，社会・経済，土地空間，社会基盤，地球環境）／社会基盤整備の技術（設計論，高度防災，高機能材料，高度建設技術，維持管理・更新，アメニティ，交通政策・技術，新空間利用，調査・解析）／環境保全・創造（地球・地域環境，環境評価・政策，環境創造，省エネ・省資源技術）／建設プロジェクト（プロジェクト評価・実施，建設マネジメント，アカウンタビリティ，グローバル化）

前東大 村井俊治総編集

測量工学ハンドブック

26148-9　C3051　　　　B5判 544頁 本体25000円

測量学は大きな変革を迎えている。現実の土木工事・建設工事でも多用されているのは，レーザ技術・写真測量技術・GPS技術などリアルタイム化の工学的手法である。本書は従来の"静止測量"から"動的測量"への橋渡しとなる総合HBである。〔内容〕測量学から測量工学へ／関連技術の変遷／地上測量／デジタル地上写真測量／海洋測量／GPS／デジタル航空カメラ／レーザスキャナ／高分解能衛星画像／レーダ技術／熱画像システム／主なデータ処理技術／計測データの表現方法

日中英用語辞典編集委員会編

日中英土木対照用語辞典
（普及版）

26150-0　C3551　　　　A5判 500頁 本体8800円

日本・中国・欧米の土木を学ぶ人々および建設業に携わる人々に役立つよう，頻繁に使われる土木用語約4500語を選び，日中英，中日英，英日中の順に配列し，どこからでも用語が捜し出せるよう図った。〔内容〕耐震工学／材料力学，構造解析／橋梁工学，構造設計，構造一般／水理学，水文学，河川工学／海岸工学，湾岸工学，発電工学／土質工学，岩盤工学／トンネル工学／都市計画／鉄道工学／道路工学／土木計画／測量学／コンクリート工学／他。初版1996年

大塚浩司・庄谷征美・外門正直・原　忠勝著

コンクリート工学

26126-8　C3051　　　　A5判 192頁 本体3800円

コンクリート工学の基礎事項を体系的かつ重点的に学べるテキスト。〔内容〕セメント／骨材／混和材料／フレッシュコンクリート／コンクリートの強度／コンクリートの弾性・塑性・体積変化／コンクリートの配合設計／コンクリートの耐久性

田澤栄一編著　米倉亜州夫・笠井哲郎・氏家　勲・大下英吉・橋本親典・河合研至・市坪　誠著
エース土木工学シリーズ

エース コンクリート工学

26476-3　C3351　　　　A5判 264頁 本体3600円

最新の標準示方書に沿って解説。〔内容〕コンクリート用材料／フレッシュ・硬化コンクリートの性質／コンクリートの配合設計／コンクリートの製造・品質管理・検査／施工／コンクリート構造物の維持管理と補修／コンクリートと環境他

東工大 大即信明・金沢工大 宮里心一著
朝倉土木工学シリーズ1

コンクリート材料

26501-8　C3351　　　　A5判 248頁 本体3800円

性能・品質という観点からコンクリート材料を体系的に展開する。また例題と解答例も多数掲載。〔内容〕コンクリートの構造／構成材料／フレッシュコンクリート／硬化コンクリート／配合設計／製造／施工／部材の耐久性／維持管理／解答例

京大 渡辺史夫・近大 窪田敏行著
エース建築工学シリーズ

エース 鉄筋コンクリート構造

26864-5　C3352　　　　A5判 136頁 本体2600円

教育経験をもとに簡潔コンパクトに述べた教科書。〔内容〕鉄筋コンクリート構造／材料／曲げおよび軸力に対する梁・柱断面の解析／付着とせん断に対する解析／柱・梁の終局変形／柱・梁接合部の解析／壁の解析／床スラブ／例題と解

上記価格（税別）は2006年1月現在